卡耐基全集 01

U0651035

人性的弱点

【美】戴尔·卡耐基 / 著

张慧 / 译著

九州出版社
JIUZHOUPRESS

图书在版编目（CIP）数据

卡耐基全集 / (美) 戴尔·卡耐基著 ; 张慧译著.
-- 北京：九州出版社, 2018.11
　　ISBN 978-7-5108-7576-2

　　Ⅰ.①卡… Ⅱ.①戴… ②张… Ⅲ.①成功心理—通俗读物 Ⅳ.①B848.4-49

中国版本图书馆CIP数据核字(2018)第253348号

卡耐基全集

作　　者　（美）戴尔·卡耐基　著
译　　者　张慧　译著
出版发行　九州出版社
地　　址　北京市西城区阜外大街甲35号（100037）
发行电话　（010）68992190/3/5/6
网　　址　www.jiuzhoupress.com
电子信箱　jiuzhou@jiuzhoupress.com
印　　刷　三河市九洲财鑫印刷有限公司
开　　本　880毫米×1230毫米　　32开
印　　张　61.25
字　　数　1300千字
版　　次　2019年1月第1版
印　　次　2019年1月第1次印刷
书　　号　978-7-5108-7576-2
定　　价　268.00元（全八册）

自 序

写作本书的缘起

在20世纪初的35年间，整个美国的出版社所出版的各种图书超过20万本，其中大部分书都是枯燥乏味的，甚至根本没人关注。全球最大的一家出版公司的董事长曾经向我坦言，即使公司已经有75年的出版经验，但是所推出的图书中，依然有四分之三都是亏本出版的。

在这样的市场环境下，我为什么还会有勇气再去写一本书呢？当我写完以后，你们为什么还愿意花费宝贵的时间来读它呢？

这两个问题提得很好，下面请允许我为你们做出解答。

从1912年开始，我在纽约开设教育课程，主要培训对象是商界人士以及职场精英。开始时，我只教授公共演讲这一门课程，这类课程是专门为成人培训设计的。课程的宗旨是通过实践增强成年人的独立思考能力，使他们在面试时或者在一些公开场合中能更加清晰、有效、自信地把自己的观点拿出来与人分享。

随着课程的进展，我渐渐意识到，成年人需要的不仅是提高演讲水平，他们更需要懂得如何待人接物，使他们在商务往来以及社会交往中可以更好、更理性地去处理人际关系。

与此同时，我也意识到自己其实也需要这样的训练。回首过去的岁月，我发现自己很多时候都不够细腻，经常粗心大意，甚至还缺少同情心和宽容的胸怀。如果20年前，我手里能有这样一本书该多好啊！如果那时我的手里真的有这样一本书，对我来说是多么大的福分啊！

你在生活中遇到的最大问题可能是如何去待人接物，对于商界人士来说更是如此。当然，不管你是一名家庭主妇，还是一名建筑师或者工程师，和他人相处都是你遇到的最大问题。几年前，在卡耐基教学促进基金会赞助的一次调查中，通过研究得出了一个意义重大的结论，后来这个结论在卡耐基技术研究所的后续研究中也进一步被证实。这些调查表明，即使在工程行业这样的技术领域，其财政收益也只有15%是靠技术知识得来的，85%的财政收益都源自于运用人事管理学的技巧，即人格魅力和领导能力。

多年以来，每季度我都会在费城工程师俱乐部教授课程，也会在美国电子工程师协会纽约分会任教。已经有1500多名工程师参加过我的培训课程，他们通过多年的观察和亲身经历终于意识到，在工程界，收入最高的人通常并不是那些专业技术最强的工程师。比如，一家公司以普通的薪水就能够聘用到专业技术很好的工程师、会计师、建筑师以及其他领域的专业人士；但是既懂专业知识又具有领导力和表达力，同时还可以激发员工工作热情的人，是只有高薪才可以聘请到的。

约翰·洛克菲勒在事业如日中天的时候，曾说："为人处世的能力就像糖和咖啡，是可以一起购买的。""我愿意把钱花在这上面，也愿意为这样的能力买单。"

你是不是会认为世界上每一所大学都会开设这样的课程，以便培养可以赚取更高薪酬的能力呢？至少在我写本书的时候，还没有发现有哪一所大学为成人开设这样实用的常识课。

芝加哥大学和联合教会学校曾经联合做了一项调查，想看看成人都希望学到一些什么。

这项调查一共用了两年时间，花费了25000美元。该调查的最后一站是在康涅狄格州的梅里登进行的，那是一个有着"最典型的美国城市"之称的美国小镇。梅里登的每个成年人都填写了一份包含156道题的调查问卷，问题有：你所从事的职业？你的教育程度？你的业余时间是如何度过的？你的收入是多少？你都有哪些爱好？你有什么理想？你现在所遇到的问题是什么？你最理想的学习科目是……。调查结果表示，人们最关心的主要是自身的以及家人的健康问题，其次就是如何与人交往的问题，包括如何去理解他人，如何和他人相处，如何让他人喜欢自己，如何让他人赞同并支持自己的看法。

调查委员会根据调查所得出的结论，最终决定为梅里登的成人专门开设一门人际关系的课程。他们想为该课程寻找一本实用的教材，结果却一无所获。最后，他们向一名世界知名的成人教育权威人士求助，向他询问有哪本书可以满足这个群体的需求。这位专家说："我知道这些人需要什么样的书籍，但是这样的书籍至今都没有写出来呢。"

根据自身的经验，我很认同他所说的，因为多年以来，我本人也一直想找一本有关人际关系的实用指南，同样也是一无所获。

既然市场上找不到这样的书籍，我决定亲自为课程撰写一本教材。我真心地希望大家会喜欢这本书，希望你们可以从中受到启发。

在撰写这本书之前，我阅读了所有能找到的相关材料。不管是报纸专栏、杂志文章、法院的卷宗，还是心理学家和哲学家的著作。另外，我还聘请了一位训练有素的研究人员，用一年半的时间在各地的图书馆里面阅读我曾经遗漏的相关书籍。在此期间，我们钻研了心理学著作，阅读了无数篇杂志文章，深入研究过的传记不计其数。我们所做的一切，都是为了更深入地了解有史以来的管理者是怎样处理人际关系的。我们阅读了他们的传记，阅读了所有伟人的生平故事（从恺撒大帝到托马斯·爱迪生）。单单是西奥多·罗斯福的传记我们就阅读了上百部。我们不计时间、不计成本地去发掘古往今来所有结交朋友、影响他人的实用理念。

我个人曾经采访了几十位名人雅士，其中包括马可尼、爱迪生这样的大发明家，还有富兰克林·罗斯福和詹姆斯·法雷这样的政治家，欧文·扬这样的商界领袖，克拉克·盖博和玛丽·皮克福德这样的明星人物，以及马丁·约翰逊这样的探险家。我试图通过访谈总结出他们为人处世的技巧。

基于这些资料，我曾经准备过一个"如何赢得朋友并影响他人"的演讲。我认为这个演讲非常"简短"，但是它只是开始的时候很简短，很快这个演讲就扩展成了长达一个半小时的讲座。之后，我又对来参加纽约卡内基研究所课程的所有学员讲授了这一课。

在演讲中，我总是会鼓励学员们尝试着把这一原则运用在商务往来和其他社交活动中，然后再回到课堂和大家分享他们各自的经历以及所取得的成绩。这是一个多么有趣的任务啊！这些急于想要自我提升的学员对这个新型实验室里的工作想法极其着迷——这是人类历史上唯一一个也是第一个为成人设置的人际关系实验室。

因此，这并不是一本随意写就的书，而是如同孩子的成长一样，通过对周围世界的不断探索而成长和发展起来的，这些结晶来自成千上万人的亲身经历。

在最初讲授这门课程的时候，我只是把总结出来的经验印在一张明信片大小的卡片上。到了下一季的培训班，我们便印制了更大的卡片；接着又发展成传单的大小；然后是制作成几本小册子，小册子上面的内容也越来越丰富。经过长达15年的实验和研究，这本实用宝典终于呈现在大家面前了。

书中所写的各项原则，绝非纸上空谈，更不是信口雌黄，它们产生了奇迹般的效果。听上去虽然让人难以置信，但是我确实亲眼见证过这些原则是怎样改变了人们的生活。

我给大家举一个例子。我有一个企业家学员，他管理着314名员工。一直以来，他总是肆意逼迫、批评和谴责他的员工，从来都没有对员工说过一句温和、赞赏和鼓励的话。学习本书中所讲到的那些原则后，这位管理者的人生哲学发生了极大的转变。现在他的公司面貌焕然一新，员工们变得忠诚、热情，充满团结协作的精神。他少了314个敌人，多了314个朋友。就像他在课前演讲中所讲述的那样："之前我在公司巡查的时候，没有一个人跟我打招呼，每次我走过来的时候，员工们总是会把头转向别处；但是现在他们都成了我的朋友，连公司的门卫和清洁人员都会直接称呼我的名字。"

这位企业家的事业日益壮大，私人的休闲时间也更加充足。更重要的是，不管是工作还是生活中，他所得到的快乐都远远多于从前。

通过运用本书中的原则，销售人员的业绩得到了明显的提升，曾经把他们拒之门外的客户也被他们发展成了新客户。很多行政主管和项目经理得到了更多的职责和更高的薪资。其中一位项目经理叙述说，正是因为他运用了书中所提到的这些原则，他的待遇才得到了大幅度的提升。另一位供职于费城燃气工程公司的主管在65岁时参加了培训课程，由于性格暴戾又缺乏领导技巧，他当时正面临着降职危机。那次培训不但使他避免了降职的危机，反而让他既被提拔，又增长了薪资。

在课程结业宴会上，总是会有一些夫妻过来告诉我，自从他们的另一半学习了我的课程，他们的家庭生活变得愉悦很多。

人们总是会对自身发生的改变感到惊喜，这一切就如同奇迹一般。学员们总是迫不及待地想要和我分享他们的成就，周末在家里的时候，总是会接到学员们打来的电话，告诉我他们取得了怎样的成就，因为他们实在是等不到两天以后回到课堂讨论时再汇报他们的成绩了。

课堂上，有位学员在讨论这些原则的时候极其专注，和同学们讨论到深夜。凌晨3点钟的时候，大家都陆续离去，他却仍然坐在那里，为自己此前犯下的种种错误感慨万千。同时他也发现了一个全新的、更加光明的美好未来正在向他展开。那几天，他激动得久久不能入睡。

他是谁？他是一个天真并没有经历过任何事的人吗？他是一个向大家表达自己发现的新理论的年轻人吗？不是的，他是一个见多识广的艺术家，也是当地人熟知的社交高手。他熟练掌握三种外语，而且还获得了欧洲两所大学的毕业证书。

我正在写这篇序言的时候，收到了一封德国贵族寄来的信，他们家族世世代代都在霍恩佐伦地区的部队中担任要职。这封信是他在一艘横渡大西洋的汽船上面写的，在信中，他讲述了他应用本书中所提到的这些原则的心得。

一位一直在纽约生活、毕业于哈佛大学、拥有一家大型地毯厂的富豪说，他在参加培训的这14周所学到的关于如何待人接物的技巧远远超过他在大学4年所学到的。听起来很不可思议吗？很可笑吗？很神奇吗？不管你怎么想，我只是把事实如实地转述给你们罢了。这句话是一个很保守、很成功的哈佛毕业生所说，他就是哈佛大学的著名教授威廉·詹姆斯。在一次公开演讲课上，他对纽约耶鲁俱乐部的近600名听众说出了这句话。

"和我们所具备的潜能相比，我们仍然处在半梦半醒的状态中。我们的自身资源只有一小部分得到了发挥，不管是脑力上还是体力上都是如此。实际上，我们每个人都拥有超乎想象的能力，只是我们并没有把我们自身的这些能力发挥到极致。"

所有人都有很多"自身就具备的能力"。本书的唯一宗旨，就是帮助大家去发掘这些一直没有使用过的、仍然处于沉睡状态的能力，唤醒它并从中获益。

普林斯顿大学前校长约翰·希本博士说过："教育，就是解决生活问题的能力。"

在读完本书的前三章后，如果你处理问题的能力并没有得到改善，那么这本书对你来说就是失败之作。因为"教育的宏伟目标"就如同赫伯特·斯宾塞说过的那样，"并不是获取知识，而是要增进行动。"

这本书，就是为了增进你的行动而写的。

戴尔·卡耐基

1936年

目 录

第三篇 | 如何让他人信服你

第四篇 | 如何友善地改变他人

第五篇 | **一封创造奇迹的信**

第六篇 | **幸福婚姻的7个法则**

第一篇

待人的基本技巧

如欲采蜜，勿蹴蜂房

1931年的5月7日，一次骇人听闻的围捕格斗让纽约市民大开眼界。与警方对抗的是一个烟酒不沾、有"双枪杀手"之称的罪犯，名叫克劳利。他被围困在西端大街他情人的公寓里。

150名警察和侦探把克劳利包围在公寓顶层的藏身处。他们在屋顶凿了个洞，想用催泪毒气把罪犯熏出来。同时，他们还把机枪安置在四周的建筑物上，一个多小时的扫射让这个原本清静的住宅区，被一阵阵惊心刺耳的枪声淹没。克劳利藏在一把堆满杂物的椅子后面，手持短枪接连向警方人员射击。围观的一万多人怀着激动而兴奋的心情，观看这场警匪枪战的场面。要知道像这样的壮观场面在纽约的街头是从来没有出现过的。

最终克劳利被警察逮捕，警察总监穆罗尼指出：克劳利可以说是纽约治安史上最为危险的一个罪犯。这位警察总监又说："克劳利杀人十分随意。别人的轻微冒犯，都会让他心生杀意。"

可是，有着"双枪杀手"之称的克劳利认为自己是怎样的人呢？当警察围攻他藏身的公寓时，他写了一封公开信；当时他已经受伤，伤口流血，那张纸上留下了他的血迹。克劳利在信的地址栏里写上"相关人士收"，信的内容是这样的："在我衣服里面，是一颗疲惫且善良的心———一颗不愿意伤害任何人的心。"

被抓捕之前，克劳利将汽车停在一条公路旁，在车内跟一个女伴调情。突然走来一个警察，来到他停着的汽车旁边，对他说："让我看看你的驾驶执照。"

克劳利一言不发，拔出手枪朝那个警察连开数枪，警察负伤倒地。接着克劳利从汽车里跳了出来，从警察身上掏出手枪，又朝地上蜷缩的尸体放了一枪。可就是这样，他还宣称："在我衣服里面，是一颗疲惫且善良的心———一颗不愿意伤害任何人的心。"

克劳利被判坐电椅。当他走进受刑室时，你认为他会说"这是我杀人作恶的下场"？你想错了，他说的是："我是因为要保卫我自己才被迫这样做的。"

这段故事要说明的是，"双枪杀手"克劳利对自己没有一丝的责备。

这不是罪犯中常见的态度吧？假如你是这样想，再听听下面这些话：

"我将我一生中最好的年华给了人们，帮助他们获得幸福和快乐，过着舒服的日子；可是换来的只是诅咒，甚至还要遭人搜捕。"

这番话是艾尔·卡朋所说的，他是美国的第一号公敌，是芝加哥一带最为凶残的黑帮老大。可是，在他看来自己是一个有益于他人的人———一个没有受到认同而被人误会的人。

达吉·舒尔茨在帮会火拼丢掉性命之前也有类似的表示。他接受新闻记者采访时说，他是一位带给他人帮助、对社会有用的人。实际上，他在纽约是一名臭名昭著的罪犯。

我曾经和"星星监狱"的负责人刘易斯·劳斯通过信，在信中，我们就这一问题进行了有意义的探讨。他说："在我们这里，很少有罪犯说自己是坏人。他们的人性就跟你我一样，总是为自己的行为辩解。他们会跟你讲，他们为什么要撬开保险箱，为什么接连放枪伤害人，甚至为自己反社会的行为辩护。最后，他们会为自己进监狱而感到冤屈。"

假如艾尔·卡朋、"双枪杀手"克劳利、达吉·舒尔茨，还有那些在监狱服刑的罪犯不认为自己做错了什么，那么你我所接触的人又如何呢？

已故的"百货商店之父"华纳梅格有一次这样说："30年前我就明白，责备人是一件不聪明、甚至愚蠢的事。我即使不抱怨上帝没有将智能均匀分配，可是我对克制自己的缺陷需要付出很多努力已心生怨气了。"

很早之前华纳梅格就领悟到了这一点，可是我自己在这世上，浑浑噩噩地行走了30多年，然后才领悟到这一点：一百次中有九十九次，没有人会为了任何一桩事情来责备他自己，即使他犯下的错误十分严重。

批评是没有用的，因为它让人心生抵触，促使他竭力为自己辩护。同时批评也是危险的，因为它会伤害一个人的自尊，并激起他的怨恨情绪。

斯金纳是一位著名的心理学家，他通过实验证明了一点：和表现拙劣并且受到批评的动物相比，表现出色并且得到奖励的动物的学习进步更快，学习效果也更加持久。事实证明，对于人类来说，这一规律也同样适用。批评不仅起不到任何作用，反而会让事情变得更加糟糕。

汉斯·薛利是一位伟大的心理学家，他也强调过："人们有多么希望得到他人的认可，就会有多么害怕被人批评。"

即使对自己的家人、朋友或者手下进行批评也要遵循同样的规律，否则不但问题得不到解决，还会使他们的信心大大受损，也会使你们之间的关系更加恶化。

乔治·约翰斯顿来自俄克拉荷马州，主要负责一家建筑公司的安全管理工作，他其中的一项职责就是监督工地上的工人都戴上安全帽。根据他的介绍，一旦碰到工地上的工人没有戴安全帽的，他都会非常强硬地要求他们必须戴上安全帽。当着他的面，工人们会听从他的命令戴好安全帽；但是一旦他离开，很多工人都会立即将安全帽摘下来。

后来，约翰斯顿尝试着换一种管理方式。再一次发现有工人没戴安全帽时，他首先上去询问是不是帽子哪里不舒服，大小合不合适。他用非常友好的语气给工人提醒："工作的时候还是戴上安全帽更安全，它可以避免你的头部受到伤害。"最终，工地里的工人们每天第一时间都会将安全帽戴上。

在千年的历史中，你可以找出很多批评没有任何效果的例子。看一下罗斯福和塔夫脱总统那场著名的争论。这场争论造成了共和党的分裂，而使威尔逊进了白宫，让他在世界大战中创下了勇敢、光荣的史迹，改变了历史的格局。现在让我们回顾一下这些事是怎么发生的吧。

1908年，罗斯福离开白宫的时候，推荐塔夫脱做了总统，而自己前往非洲狩猎狮子。当他回来的时候，发现塔夫脱因循守旧、墨守成规，于是公开谴责塔夫脱，并另外组织了公鹿党，想要自己连任第三任总统。罗斯福的这个举动几乎毁掉了共和党。在之后的选举中，塔夫脱和共和党仅仅获得了两个州的选票，这两个州是佛蒙特州和犹他州。这是共和党遭遇的前所未有的惨败。

罗斯福谴责塔夫脱因循守旧，可是塔夫脱有没有责备自己呢？当然没有。塔夫脱两眼含着泪水说："我不知道如何做，才能和我所已做的不同。"

这到底是谁的错误？这情形我不知道，同时我也不太在意。我所关注的是：罗斯福所有的批评，并没有让塔夫脱觉得自己有错误，反而促使塔夫脱尽力为自己辩护，造成他两眼含着泪水，一再说："我不知道如何做，才能和我所已做的不同。"

还记得蒂博特山的油田舞弊案吗？它使20世纪初的美国社会震荡

不已，可以说震荡了整个国家！在任何人的记忆里，美国还从来没有发生过这类的事情。

让我们回顾一下这件舞弊案的事实经过：艾伯特·福尔出任哈定总统任上的内政部长，当时他掌控爱尔克山和蒂博特山油田保留地出租的事。这两块油田是美国政府预备海军未来用油的保留地。

福尔公开投标了吗？当然没有，他把这份丰厚的合约直接给了他的朋友爱德华·多希尼。多希尼又做了什么呢？他把自己称为"贷款"的10万美金给了自己的好朋友福尔部长。

随后，福尔命令美国海军进驻那两个地区，把附近开采油田的竞争者驱赶走。保留地上的那些竞争者虽然被迫离开了，但是他们不甘心，于是跑进法庭，检举揭发了福尔的不当行为。这件事造成了巨大的影响，其严重的程度几乎毁掉了哈定总统的整个政治生命，全国群情激奋，舆论哗然，共和党因此名誉扫地，而福尔也因此锒铛入狱。

福尔被铺天盖地的斥责淹没，在他的工作中，很少有被这样谴责过。他是否后悔了？不，丝毫没有！

多年后，胡佛在一次公共演讲中称，哈定总统的死源于神经的刺激以及心里的忧虑，因为有一个朋友将他出卖了。当时福尔的妻子也是观众之一，她听到这话后马上就从座椅上跳了起来，先是失声大哭，然后将拳头握紧，大声说："说什么福尔出卖了哈定？不，肯定不是，我丈夫从来没有对不起任何人。即使这间屋子堆满了黄金，我丈夫也不会被诱惑的。相反，他是被人出卖的，才落得被钉十字架的下场。"

这种情形让我们清楚，做错事只会责备别人而不会自省是人的天性，我们每个人都是这样的。所以，当我们想要责备别人的时候，应该想一想发生在艾尔·卡朋、"双枪杀手"克劳利和艾伯特·福尔身上的事情。

批评如同饲养的鸽子，永远会飞回家的。我们需要了解这样一个事实：我们要责备或批评的人必然会想办法为自己辩护，甚至会反过来谴责我们。就像温和的塔夫脱所说："我不知如何做，才能和我所已做的不同。"

1865年4月15日是一个星期六，那天早晨，在一家简陋的公寓的卧室中，林肯躺在一张破旧的床上。这家公寓就在他遭到狙击的福特戏院对面。靠床的墙上挂着一幅罗莎·邦赫的《马群展览会》的复制画，昏黄幽暗的光亮从一盏煤气灯散发出来。

林肯即将离世的时候，陆军部长斯坦顿说："躺在那里的是世界上最无可挑剔的元首。"

林肯为何能赢得人们的欢迎？我曾花费了大约10年的时间对他的一生进行研究，同时我整整用了3年的时间，撰写了一部有关他的作品，我把这本书定名为《林肯传》。

在我看来，在对林肯的人格和他的家庭生活的研究上，没有人能超载我，它已到了一个极限。我又找出关于林肯待人的方法，对其进行了特别的研究。林肯有过放任批评别人的事吗？答案是肯定的。在他还是年轻人的时候，在印第安纳州的鸽溪谷，他不但批评，而且还写信作诗去讥笑人。他将写好的信件，扔到一定会被人捡到的路上，其中有一封信，让别人对他产生了终生的恶感。

在伊利诺斯州的斯普林菲尔德，林肯做了职业律师后，在报纸上发表文稿，毫无遮拦地攻击对他抱有意见的人。不过类似这样的事他仅仅做了一次。

那是1842年的秋天，林肯嘲笑了一个争强好胜而且狂妄自大的爱尔兰政客谢尔德。林肯在当地的报纸上刊登了一篇报道讽刺他。这篇报道引来了人们对谢尔德的嘲笑。谢尔德一向敏感而自傲，这件事引起了他的不快。当他调查得知写这篇报道的人是谁时，他立即去找林肯决斗。

林肯是个不愿意用打架解决争端的人，可是为了不丢面子，他只得应战。谢尔德让对手选择武器。由于林肯的两条手臂特别长，所以他选用了马队用的大刀。他曾经跟一位西点军校的毕业生学习过刀战。决斗的日期到了，林肯和谢尔德在密西西比河的河滩上准备一决雌雄。就在即将动手的时候，他们的助手阻止了这场决斗。

这件事深深触动了林肯，给他留下了深刻的印象，让他在待人的方式上有了一个极大的改变，那就是他从此以后不再写凌辱人的信，而且永远不再讥笑人家。以后的日子里，他几乎从不为任何事而批评任何人。

美国南北战争的时候，林肯经常向前线委派新将领统率"波托麦克"军队，可是这些将领几乎都遭到了惨败……这让林肯内心失望而沉重，一个人在屋子里走来走去。全国几乎超过一半的人哗然指责这些失败的将领，唯独林肯却保持着平和的态度。他最赞同的一句格言是"不要评议人，为了不为人所评议"。

在林肯的妻子和一部分人对南方人进行谴责时，林肯总是这样说："还是少谴责他们吧，同样情形下，我们也会那样做的。"

可是，无论是谁都有批评他人的时候，林肯也有过这种时候。我们看下面这个例证：

1863年7月4日的晚上，李将军率领他的部队开始向南边撤退。当时雨水连连，泛滥成灾，李将军带领败军到达波托麦克时，前面的河水暴涨，他们无法安全渡河，而胜利的联军就在后面。李将军和他的军队走投无路，陷于绝境。

林肯自然很清楚这是打败对手的好机会。将李将军和他的部队俘虏，立即可以结束这场战争。于是他满怀着希望地命令弥德，不必召开军事会议，马上对李将军和他的部队进行追击。林肯先用电报发出命令，然后又派人通知弥德接到命令后即刻采取行动。

可是这位弥德将军是怎么做的呢？弥德所采取的行动却与林肯的命令背道而驰。他召开了一个军事会议，宣布了与林肯的命令相反的命令。弥德用了各种借口应付林肯，实际上是拒绝进袭李将军。最后河水降退，李将军和他的军队安全逃离了波托麦克。

林肯知道这件事后十分痛心，加上失望，促使林肯给弥德写了封信。在这段时间里，林肯可以说是极端保守的，用字非常谨慎。所以在1863年，这封出自林肯手笔的信，可以算是最严厉的斥责了。这封信的内容是这样的：

亲爱的将军：

　　我不认为你想不到，由于"李"的逃脱所引起的一系列严重事件以及重大的影响。他已在我们的掌握中，假如能将他俘获，再加上最近我们其他地方所取得的胜利，我们很快就可以结束这场战争。

　　可是你却没有。照现在的情形可以推断，战争会长时间地延续下去。上星期一你没有听从命令袭击叛军，现在你又怎么能再向他们袭击呢……我不再相信你还能取得多大的成功，因为你已经让黄金般的机会消失了，这让我感到十分失望和伤心。

你可以想一想，当弥德看到这封信后，他将会如何呢？

事实是，弥德根本就没有看到这封信，因为林肯并没有把这封信寄出去。林肯去世后，人们从他的文件中发现了这封信。

我内心有一种想法——当然这只是我的猜想。在写了这封信后，林肯望向窗外，低低自语：

　　不急，我不应该这样匆忙。我坐在这安静的白宫里，命令弥德进攻，那是一桩十分容易做到的事；可是假如我到了葛底斯堡，我也会看到弥德上星期所看到的那么多的血，耳中回响着死伤者的呼叫、呻吟声，可能我也会像弥德一样拖延向叛军进攻了……假如我也有跟弥德一样懦弱的个性，那么我所做的极有可能会跟他做的没什么差别。

现在这一切已成了既定事实，无法挽回了。假如我发出这封信，虽然可以让我不愉快的心情得到缓解，可是弥德也会替自己辩护。在那种情形下，他会批评我，厌恶我，而且会影响他以后的指挥工作，严重的话还有可能会逼他辞去军队的职务。

假如真如我所料，林肯自然就不会把信发出，而是放在一边了。因为林肯从苦痛的经验中知道，尖锐的批评、斥责，是不会得到自己想要的效果的。

罗斯福总统曾经回顾过自己的心路历程。当他遇到难以解决的问题时，他总是往座椅后面一靠，仰起头，朝着写字台壁上那幅很大的林肯画像看去，然后这样问自己："假如换作林肯遭遇我面临的这种困难，他会如何做？如何去解决这个问题？"

当我们要斥责他人的时候，我们可以从口袋中拿出一张5元的钞票，看看钞票上林肯的像，然后发出这样的疑问："假如是林肯遇到这样的事，他会如何处理呢？"

马克·吐温总是喜欢发脾气，还经常写信发泄他的愤怒。有一回，有一个人把他惹怒了，他随后就写信给这个人，信的内容是这样的："如果你想得到一张安葬许可证，尽管直说，我一定会毫不吝啬地帮助你如愿的。"

还有一回，一个校对人员希望他可以纠正一下标点符号以及词语的用法。他就给编辑写信，信上写道："从今往后，全部按照我的原稿发表，完全不要去理会那些愚蠢的校对人员的想法。"

马克·吐温写了这些言辞激烈的信件感觉舒服很多，但是他的这些信从来都没有产生恶果。什么原因呢？因为他的妻子偷偷地把这些信从邮筒里面取出来了，这些信件根本就没有寄出去。

你希望你所认识的人改变、调整，变得更好吗？是的，那是最好不过的。可是你有没有想过，为什么改变不从你自己开始呢？从自私的角度来看，自己改进要比别人改进令自己获益更多。

在我还是一个年轻人的时候，我很想出名，想让更多的人知道我。我曾给美国文坛上一位很有名声的作家写过一封信，作家的名字是"戴维斯"。那时我打算给一家杂志社写些有关作家的文章。我给戴维斯写信，就是想让他告诉我有关他写作的方法。

在那之前，我接到一封信，信上写着一句话："信系口述，未经审阅"。这句话引起了我的注意，我认为写这封信的人肯定是位有很多事要处理的大人物，而我却有很多空闲时间。我急于引起这位大作家戴维斯的关注，于是我也在给他写的那封简短的信封上加上同样一句话："信系口述，未经审阅。"

戴维斯没有给我回信，而是直接把我那封信退了回来，下面潦草地写着几个字："你的态度十分不敬，无人能比。"

我内心承认我有过错，或许我理应受到这样的谴责。可是，人性使然，我对戴维斯产生了深深的痛恨，甚至怀着极度的愤恨。直到10年后获知戴维斯去世的消息时，我心里的恨意还没有消失。

假如你要让别人痛恨你10年，甚至终生，你可以放任自己对他进行具有刺激性的批评。

在与人打交道的时候，我们应该让自己记住，人不是绝对理性的动物，而是富有感情的动物。还有，人生来傲慢虚伪，很容易对他人产生怨恨情绪。

是苛刻的批评让敏锐的托马斯·哈代——英国文坛最好的小说家——永远放弃了执笔写小说的勇气。同样是无情的批评，让英国诗人托马斯·查特顿以自杀结束了自己宝贵的一生。

年轻时候的富兰克林并不伶俐，可是后来他却成为非常有手段、处世待人极有技巧的人，还出任过美国驻法大使。他成功的秘诀很

简单，他是这样说的："我不会说任何人不好的话，只称赞他好的
地方。"

只有愚蠢的人才会不加考虑地批评人、斥责人、抱怨人，很多愚
蠢的人就是这样做的。

要想做到宽容豁达，为对方考虑，那就需要在人格和克制力方面
下功夫了。

卡莱尔曾经这样说过："一个伟大人物的伟大之处，可以通过他
如何对待一个卑微的人表现出来。"

著名的试飞员鲍勃·胡佛经常参加一些飞行活动。《飞行任务》
杂志上面记载着，有一次在圣迭戈的活动结束后，他返回洛杉矶，途
中飞机的两个引擎突然停止了运行。幸运的是，胡佛操作得当，反应
敏捷，飞机最终得以安全降落，没有一人伤亡。

飞机刚一落地，胡佛就去检查燃料。就像他之前预料的一样，这
架曾经参加过第二次世界大战的螺旋桨飞机里面添加的竟然不是航空
汽油，而是喷气机燃料。

到达机场后，胡佛立即去找了负责保养飞机的机械工。那是一名
很年轻的机械工，胡佛走到他面前时，他已经害怕得直哆嗦。都是因
为他的工作失误，使这架昂贵的飞机遭到了严重的损坏，也差点断送
了3个人的性命。

可以想象出胡佛有多么愤怒。所有人都认为以胡佛谨慎、骄傲的
个性，一定会把这名粗心的机械工痛骂一顿。没想到的是，胡佛并没
有责怪他，反而把手搭在他的肩上说："我相信这样的错误你肯定不
会再犯了。为表明我对你的信心，我希望你可以帮我把F-15战斗机检
修一下。"

父母经常责骂自己的孩子，你也许会觉得对待这样的行为，我会
对孩子的父母说"不"，但是我并不会。我只是希望孩子的父母在责
骂自己的孩子之前，先来看看这篇经典的文章《父亲备忘录》。刚开

始的时候，这篇文章刊载于《大众家庭杂志》上，征得作者的同意，我把它在《读者文摘》中的精简版摘录于此。

这篇情感真挚的文章受到了无数读者的追捧，也是出版商的至爱。就如同作者利文斯顿·拉尼德所说的那样："这篇文章自发表以来，已经被多个国家翻译，在各大报纸、杂志上面都有刊登。经本人同意，它也在教堂、学校或者讲座等公开场合使用，后来又传诵于无数的电台节目中。让我感到更为惊讶的是，此文还刊登在很多高等学校的期刊上。有的时候，一篇短文也会产生出乎意料的影响，我认为这篇文章做到了。"

父亲的忏悔

孩子，爸爸有话想对你说。我喜欢看你熟睡的样子，你的小手掌压在脸颊下面，你的额头微微冒着汗，湿漉漉的卷发贴在额头上。刚才我在书房看报的时候，内心突然一阵懊悔，让我喘不过气来。所以，我带着愧疚的心情，悄悄地来到你的床前，想把这些话说给你听。

孩子，我经常会对你大声喊叫。当你穿好衣服准备吃早饭时，我责备你没有把脸洗干净，责备你没有把鞋子擦干净，还责备你没有把东西收拾整齐。

吃早餐的时候，我也不停地挑你的毛病，经常骂你把饭掉得到处都是、不认真吃饭、吃饭的姿势不对、糖放得太多，等等。当你从餐桌离开，准备去玩时，我也要准备出门。你会看着我，挥着小手说："爸爸，再见！"而我却生气地对你喊道："把腰板挺直！"

傍晚也是一样。我看到你在地上跪着玩玻璃弹珠，脚上穿的长袜都被磨破了。我完全不顾及你的面子，当着别的孩子的面命令你赶紧回家，还对你大喊："长袜子可不便宜，你要穿就好好穿着，弄破了就不会再给你买了！"孩子，你的父亲竟然是这样的！

刚才我在书房看报的时候，你小心翼翼地走过来，胆怯地看着我，你在门口站着不敢往前走。我却对你不耐烦地喊道："有什么事吗？"

你一句话都没有说，只是朝着我跑过来，扑进我的怀里。你搂着我的脖子亲吻着我，你的小手臂充满爱的力量，那是上帝给予你的爱之花在你的心田绽放，任何的冷漠和忽视都不能使它凋萎。然后你便跑出去了，我听到你的小脚"啪嗒啪嗒"地踩着楼梯跑上楼去。

孩子，你知道吗？就在那一瞬间，我手中的报纸突然滑落，我感觉好害怕。我怎么会是这样一个父亲呢？我就是用挑三拣四、肆意呵斥的行为对待一个小男孩吗？孩子，并不是我不爱你，只是我对你的期望过高，用自己的年龄标准去苛求你。

实际上，你的天性里有很多的优点。你幼小的心灵就如同刚升起的太阳一样美好，这一点可以从你不顾一切地跑来亲吻我中看出来。孩子，对我来说，没有什么比这更重要了。我在黑暗中来到你的床边，深深地感到羞愧！

这是一种没有力量的赎罪。我知道，我所说的这些你可能听不懂。但是，从明天开始，我会努力地做一个合格的父亲！我要成为你最好的朋友，你伤心的时候我和你一起伤心，高兴的时候我和你一起高兴。我每天都会提醒自己："他只不过是一个小孩——一个小男孩！"

我真的不应该把你当成大人对待，孩子。就像现在一样，我眼前的你就好像是一个熟睡的婴儿，疲惫地蜷缩在床上。想想昨天你还躺在妈妈的怀中，小脑袋还依偎在妈妈的肩头。我对你的要求实在是太多了，太多了。

让我们尝试着去理解他人吧，不要再一味地去指责他人。站在别人的立场去想想他们为什么要那样做，这要比指责他人更加有意义。理解可以使人变得宽容，也可以激发人的善良。"理解就是宽容。"

就像约翰逊博士说的那样："上帝是那么地宽容，我们为什么不能尝试着宽容他人呢？"

人际交往秘籍

世上只有一个方法可以使任何一个人去做任何一件事，你是否真正停下来静心去考虑过此事？不错，世上只有一个方法，能够促使人愿意去做那一件事。

记住，除了这个方法外再也没有其他方法。

当然了，你可以用左轮手枪对着一个人的胸脯，让那人痛快地把他的手表摘下来给你。你还可以采取威胁解雇对方的手段要求对方配合你的工作，可是在背后他一定恨透了你。你也可以用鞭笞，或是恫吓，让一个孩子乖乖听你的话，按照你的需要做事。可是这些粗笨的方法，都不免产生极端不利的后果。

让你心甘情愿去做任何事情的唯一方法，就是把你所需要的给你。

那么，你到底要些什么呢？

20世纪最享盛誉的心理学家西格蒙德·弗洛伊德曾经说过这样一句话："无论是谁所做的事，都起源于两种根本动力：一是性的冲动；二是想要成功的欲望。"

杜威教授，一位很有名的美国哲学家，对此有着不同的见解。在他看来，人类天性中最深层次的冲动是"渴望被重视"。请记住这句话，它很重要，你在这本书中将会在很多地方看到它。

那么，你到底要些什么呢？真正需要的东西并不是很多，你我都十分渴望得到的，是下面这些：

1.健康、安定的生活。

2.食物。

3.睡眠。

4.金钱，以及能用金钱所能买到的东西。

5.生存的保障。

6.性的满足。

7.子女们的健康、安定。

8.被重视。

这些欲望大都容易得到满足，可是其中有一种欲望与其他欲望不同，它很难实现，那就是弗洛伊德所说的想要成功的欲望，也就是杜威教授所说的渴望被重视。它就像食物、睡眠一样为人们所渴求，却难以被实现。

在一封信的开头，林肯就说："每个人都喜欢受人恭维。"威利·贾姆士说过类似的话："人类天性至深的本质，就是渴望得到他人的认可。"注意，这里他没有用"希望"，或"欲望"，或者"想要"的字眼，而是用了"渴望"。

这种渴望让人们内心痛苦却无法割舍。假如谁能诚挚地满足他人的这种内心渴求，就可以将人们掌握在他的手掌之中。

人类和动物的重要差别之一就是人类拥有这种寻求被重视的欲望。

那时我是密苏里州的一个农家儿童，我父亲饲养了几头品种优良的猪和白脸牛。每当中西部举办农畜展览或比赛时，我和父亲都会将我们的猪，还有白脸牛拉去参赛，我们曾经获得过几十次头奖。

我父亲把代表冠军的蓝缎带奖章用针别在一条白布上。每当有客人拜访的时候，父亲就拿出这条别着蓝缎带的白布来，我握着这一头，他握着那一头，让客人们观赏。

显然，猪、牛并不在乎它们赢得的蓝缎带，在乎的人是我父亲。他对蓝缎带十分重视，因为这些奖品让他有了一种"被重视"的感觉。

如果我们的祖先没有这种对"被重视"的强烈渴求，我们就不会有文化，就跟其他动物没什么区别了。

就是这种对"被重视"的强烈欲望，让一个没有受过良好教育、在一家杂货店打工的贫困店员，在堆满杂物的大木桶里翻出几本法律书，并花50美分买下它们，带回家认真研读。你或许听说过这位杂货店的店员，他就是林肯。

也正是这种对"被重视"的渴求，激发了狄更斯写出他不朽的名著。也正是这种欲望，使雷恩爵士在石头上实现了他的成功。同样，正是这种欲望，使洛克菲勒挣了他一辈子花不完的钱。也就是这种欲望，使你所在的城里的有钱人，建造了他本不需要的大房子。

也恰恰是这种欲望，让你穿上时尚的服饰，驾驶漂亮的轿车，在你亲友面前称赞自己聪明伶俐的孩子。

也就是这种欲望，诱惑许多青少年拉帮结派、为非作歹。曾担任过警察局长的穆罗尼曾这样表示过：那些年轻的罪犯充满着对虚荣的盲目追求。在被捕后，他们的第一个要求就是将他们的所作所为在那些恶俗的报纸上刊登，并称他们为英雄。他们只关心跟政坛、影视、体坛上那些名人同时上报，这样他们就会获得被重视感。他们根本不去想狱中的服刑生活。

假如你跟我讲述你是如何得到你的被重视感的，那么我就可以告诉你，你是怎样的人。因为这种方式决定了你的性格，它体现了你的价值观。现在有这样的例子：洛克菲勒家族出钱在北京建造了现代化的医院，让很多和他没有见过面的贫困者得到救治，借此他得到了被重视感。

与此相反，狄林克是通过抢劫银行、杀人获得被重视感的。当警方人员搜捕他时，狄林克奔进一家农舍里。他以第一号公敌为荣，所以他高声说："我是狄林克……我不会伤害你们的，但我是狄林克！"

是的，狄林克和洛克菲勒最大的差别就在于他们获得被重视感的方式不同。

在很多名人身上都发生过"渴望被重视"的有趣事例。乔治·华盛顿喜欢人们称他是至高无上的美国总统；哥伦布向皇家请求获得"海军上将"的称号；女皇凯瑟琳拒绝拆阅没有称她为"女皇陛下"的信件；林肯夫人在白宫向格兰特夫人发出母老虎般的吼叫："没有我的邀请，你竟敢私入白宫！"

1982年，一些百万富翁资助伯德将军去南极探险。他们是带着条件资助的，条件之一是许多冰山须取用他们的名字。维克多·雨果甚至希望把巴黎改称"雨果市"。还有为人所敬重的莎士比亚渴望在自己的名字前面加上充满光环的头衔以光耀门庭。

有时候，人们会以病弱来博得同情和注意，以此获得被重视感。比如说麦金利夫人强迫她任职美国总统的丈夫放弃处理国家重要事务，来到她床边搂抱着她，抚慰她睡去，借此得到被重视感。

此外，在她医治牙的时候，她也要求丈夫陪同她一起，借此满足她医治牙痛时被关注的欲望。有一次麦金利与国务卿约翰·强有事谈，不得不让她一个人留在牙医处，这样便引得她大发雷霆。

作家莱茵哈特夫人有一次跟我讲了这样一个故事：一个年轻能干、聪明伶俐的女人为了得到被重视感而装成一个病人。莱茵哈特夫人说："有一天，这个女人忽然充满了沮丧感。可能是因为年龄的关系，她感到晚年即将在她面前展开，可期望的事实在太少了。于是她开始卧病在床，在床上躺了有10年的时间。她年迈的老母亲每天上下三楼，为她端茶送饭，侍候她。有一天，这位年老的母亲由于过度的劳累，终于倒地离世。这个卧病在床的女人沮丧了数星期后，穿衣起床，重新生活，身上的病消失不见了。"

有些研究人员宣称，人可能真的会主动发疯，目的就是在疯狂的幻境中寻找在冷酷的现实世界上无法获得的"被重视"的感觉。在美国医院中，精神病患者甚至要比其他患者的总和还要多。

探究一下，精神错乱的原因是什么？

这样笼统的问题，恐怕谁也答不上来。不过我们知道有若干的疾病，比如说性病，会摧残伤害脑细胞，从而导致精神错乱。事实上，约有半数以上的精神病，其发病根源可以归结为生理原因，比如说脑部受到损伤、酒精过量、中毒，还有由于其他原因所造成的伤害。

可是另外那半数精神病患者的脑细胞并没有任何病态，这是千真万确的。他们中的一些人去世后，研究人员将他们的脑细胞组织放在最高性能的显微镜下研究，发现他们的脑细胞组织完全跟正常人一样。

那么，这些人为什么会精神错乱呢？

就这个问题，我向一位精神医院的主任医师咨询。之所以向这位医师咨询，是由于他在精神病理方面的学识十分渊博，曾被授予业内最高的荣誉。不过他却坦诚地对我说，他也不知道人们为什么会精神错乱，确切的原因无从知晓。不过他却做了这样的解释：许多精神错乱的人，在他们幻想的世界中，可以找到真实世界中所无法获得的被重视的感觉。这位著名的主任医师给我讲了下面这个真实的故事：

我曾有个患者，她的婚姻是一出悲剧。她渴望爱情、性的满足，还有孩子，以及社会上的声望。可是她的这些渴求，在现实的生活中却没有实现。她的丈夫不爱她，甚至表示不愿意跟她一起用餐。她丈夫命令她把饭菜端到楼上的房间，他就在楼上吃。

她没有孩子，也没有社会地位。这些现实的落差终于造成了她精神错乱，在她疯癫的梦幻中，她与她的丈夫离了婚，恢复了她少女时的姓名。她认为自己已经嫁给了英国皇家贵族，因此她坚持要人家称她为斯密司夫人。

还有她曾经想要拥有的孩子，在幻想中也已经有了。每次我去看她时，她都会对我说："医生，我昨夜生了一个孩子。"

女患者的梦想、渴求在现实生活中支离破碎，但是幻想的世界犹如一座洒满阳光的岛屿。在那里，她的梦想、渴求都得到了满足，她乘着微风快乐地驶入港湾。

"这故事悲惨吗？我给不出答案。"那位医师对我说："即使我有能力医治好她，恢复她的清醒，我也不愿意那样做，因为我认为她现在获得了她一直所期盼的快乐。"

假如人们对被重视的渴求如此迫切，甚至为获得它不惜精神失常，那么，试想若是在他们尚未精神失常时，就给予他们真诚的赞扬，那又会产生什么样的奇迹？

据我所知，在那个不征收所得税且周薪50美元生活便很富足的年代，年薪百万元的人中，有一位就是查尔斯·施瓦布。

安德鲁·卡内基为什么要付施瓦布年薪百万元呢？这其中有什么特殊原因吗？

施瓦布38岁那年被卡内基相中，由此成为卡内基新成立的美国钢铁公司的第一位总裁。（后来，施瓦布离开美国钢铁公司，接受伯利恒公司的邀请，掌管伯利恒公司，最终将其扭亏为盈，令其一跃成为美国最赚钱的公司之一。）

卡内基甘愿支付施瓦布年薪百万元，是因为施瓦布是位优秀的天才？不，不是的。还是因为施瓦布对钢铁的制造有特殊的专长？不，也不是的。施瓦布曾这样跟我讲过，有许多在他手下做事的人，在钢铁的制造方面比他的知识丰富得多。他告诉我，他之所以有这样高的薪金，是由于他有与众不同的待人能力。我问他是怎么做的，他就对我讲了下面这段话。在我看来，这些话应该刻在能永久保留的铜匾上，然后把这面铜匾悬在全国每个家庭、学校、商店、办公室里。铜匾上面的话，应当让学生们背诵下来，这要比背诵拉丁语的动词变化和巴西的年降水量要有益得多。假如我们真能照着那些话去做，你我的生活方式肯定跟过去完全不一样。

施瓦布这样说：

> 我认为我特殊的能力就是不断地用赞赏的话鼓励我的员工，激发他们潜在的能力。
>
> 我认为没有什么比上司的批评更让人受挫的了，我从来不干批评人的事。在我的理念中，只有激励才可以让人努力工作，因此我喜欢表扬人、激励人，而不愿意批评人。假如我看到了让我感到好的东西，我便真诚地赞美它，从不吝啬赞赏之词。

这就是施瓦布所做的，听起来似乎没什么，可是一般人又是如何做的呢？通常，一般人不喜欢一件事，他会尽量地从中挑剔错误；假如真的喜欢，却又闭口不言，什么话也不说一句。

施瓦布又这样说：

> 在我一生的广泛交往中，我结识了世界各地知名之士。其中我还没有找到一个人——无论他如何伟大，地位如何崇高——会在受到批评的情形下，要比受到赞赏的情形下付出更多的努力，表现也更加出色。

是的，他所说的就是安德鲁·卡内基取得非凡成就的一项显著的理由。安德鲁·卡内基常常非私下的，而是公开地称赞他的下属。

安德鲁·卡内基甚至在他的墓碑上也没有忘记称赞他人。看他为自己所写的碑文："埋葬在这里的人，知道雇用比他自己聪明的人。"

洛克菲勒也是个懂得称赞他人的人，这是他的一个成功秘诀。有这样一件事：一次，当他的一个合作伙伴爱德华·倍德福措施失当，做错了一宗买卖，而使公司亏损100万美元，洛克菲勒原本想责怪他，但是他了解到倍德福已尽了最大的努力，同时这件事已经过去了，责怪无济于事，因此洛克菲勒找了些可称赞的事来称赞倍德福，说他保住了投资金额的60%。洛克菲勒这样说："你已经很棒了，我们做事不会每一件都是十全十美的。"

我的剪报中记载了这样一则小故事，虽然它不是真实的，但同样将这个道理揭示了出来。

在干完了一天的辛苦工作之后，农妇将一堆干草摆在了自己丈夫的餐桌上。她的丈夫十分生气地质问她："你是不是精神出了问题？"

农妇回答道："我又如何知道你们不喜欢它啊？20年来我每天都给你们做饭吃，你们倒是告诉我你们嚼的不是干草啊。"

几年之前，有人就妻子离家出走这一问题进行了深入的思考。你是否知道这项研究最后得出的造成妻子离家出走的主要原因是什么？很简单，是因为"缺少赞许"。基于同样的考虑，我有信心保证，很多丈夫离家出走的原因肯定也是因为"缺少赞许"。在很多人看来，家庭中另一半的付出是理所当然的，因此总是想不到对他们进行必要的肯定和赞许。

我的一位学员跟我们讲了一个发生在他身上的故事。他的妻子和几个一起做礼拜的女性朋友参加了一个完善自我的项目。回家后，她要求丈夫提出可以让她能成为更合格妻子的6个需要改进的地方。这位学员这样说道：

"我被我妻子的这个要求震惊了。实话实说，要找到她需要改进完善的6个地方并不难，可是事情不能这样做！我自己做得就完美无缺吗？假如是我让我妻子找出我需要改进的地方，她甚至可以列出我的1000个毛病。因此我对她说："让我仔细考虑一下，明天早上告诉你吧。"

"第二天一清早我就起来了，我给花店打电话让他们当日给我的妻子送6朵玫瑰，花中附上一张卡片，卡片上写上：'我实在无法找到你需要完善的地方，我就爱现在的你。'

"那天晚上我下班回到家里时，家门口有人在等我，你猜是谁？没错，正是我的妻子！她的眼泪都要出来了。我非常庆幸我没有按照她的要求列出她需要改进的6个地方。

"就在那个周日，我妻子在教堂里做礼拜时跟她的朋友讲述了这件事。几位跟她一起参加项目的女士见到我之后对我说：'这是我们听说过的最体贴的事了。'也就是从那一刻起，我了解到了赞赏的力量。"

弗洛伦兹·齐格飞是百老汇歌剧界著名制片人，他十分善于称颂美国女孩，多次将相貌普通的女孩打造成让人惊艳的舞台明星。他非常推崇赞赏和信心的力量，因此他用自己的殷勤和体贴让女孩获得触动，让她们相信自己是最有魅力的。他对人十分大方，歌舞团女演员的薪水原来是每周30美元，他将其提到了每周175美元。他潇洒无比，在歌舞剧《富丽秀》的首映之夜，他向演员们发出贺电，同时又为每一位女演员献上了一束鲜艳的蔷薇。

以前我加入过一项叫作"绝食运动"的活动，整整6天6夜没有吃任何东西。实际上这没有多难，因为第6天结束时我已经没有第2天结束时那么饿了。可是我们都清楚，那些连续6天不让家人或员工进食的人会感觉自己做了错事，但他们却不了解自己的家人和员工对赞美的渴求丝毫不低于对食物的渴求。他们可以残忍地6天、6个星期甚至6年都没有给周围的人任何由衷的赞美。

著名演员阿尔弗雷德·朗特是《维也纳的重逢》（Reunionin Vienna）的主角，他在出演《维也纳的重逢》时说："告诉你们我最渴求的是别人对我尊重和重视。"

通常我们只对孩子、朋友和员工的身体给予关注，却忽视了对他们自尊的呵护。我们提供马铃薯和烤肉让他们补充能量，却闭口不说对他们的赞美言辞——这样的言辞如同晨星一样宝贵，会在他们的记忆中不停地回响。

真诚的赞美能改变人的一生。保罗·哈维在他主持的一档电台节目《故事的结尾》中，为我们讲述了真诚的赞美是如何改变一个人的人生轨迹的：若干年以前，底特律的一位老师让史蒂夫·莫里斯帮助她寻找一只躲在教室里的老鼠。虽然史蒂夫·莫里斯双目失明，但是这位老师却称赞史蒂夫具有班里其他孩子所不具备的天赋——异常敏锐的听觉。这是史蒂夫·莫里斯人生中的第一个肯定和赞许。多年以后，史蒂夫·莫里斯依然没有忘记这件事，他说正是那一次的肯定和赞许让他本已颓废的精神重新振作起来，积极面对新的生活。在那次事情以后，史蒂夫·莫里斯努力发掘自己在听觉方面的天赋，并将其应用在舞台上，最终成为19世纪70年代美国十分有影响力的流行歌手及音乐创作人。

说到此处，一些读者或许会想："不就是言不由衷、阿谀奉承吗？我尝试过这个方法了，有头脑的人根本不予理会。"

诚然，那些明辨是非的人不吃阿谀奉承的一套，他们能看穿肤浅、自私、虚伪的行为。可是，并不是所有人都如此，这个世界上也有许多人对赞赏极度渴求。他们会接受一切赞美他们的言辞，如同饿了很久的人会饥不择食一样。

实际上，就连维多利亚女王也喜欢听恭维话。英国首相本杰明·迪斯雷利透露说，他与女王打交道时会说很多恭维的话。他把这些话用"夸大其词"来形容。但需要注意的是，作为大英帝国最精明强干的管理者，迪斯雷利采用的方法可能并不适合我们。从长期来看，阿谀奉承的弊端要比带来的好处要多，因为它是虚假的，如同我们使用假币一定会惹祸上门。

那么，让我们来看看赞赏与奉承有哪些差别呢？很明显，它们一个是真诚的，一个是虚伪的；一个发自内心的感慨，一个流于表面；一个是慷慨的，一个是自私的；一个将受人钦佩，一个将被人所鄙视。

最近，我游览观赏墨西哥城的查普特佩城堡时，看到了墨西哥英雄阿瓦洛·欧布里根将军的半身雕像。欧布里根将军在自己的雕像下写了这么一句："不怕兵力强盛的敌人，就怕阿谀谄媚的朋友。"

一定不要误解我所表达的，我不是让你去阿谀谄媚！肯定不是！相反，我是在谈论一种新的生活方式。请允许我再说一次：我在谈论一种新的生活方式。

乔治五世在白金汉宫书房的墙上写下六则处世箴言，其中有一则是这样的："请让我学会既不要赠予也不要接纳廉价的赞美。"是的，奉承的实质就是"廉价的赞美"。此外，我还见到过一个关于奉承的定义："奉承乃是确切说出对方对自己的真正看法。"

爱默生曾说过这样一句话："就算你穷尽所有的言辞，你所表达的也还是你自己。"

假如阿谀奉承是我们需要做的，那么我们人人都会这样做，人人也都能成为人际关系专家。

在我们不去想某个具体问题时，通常我们是在想自己的问题，这要占去我们95%的时间。让我们暂时不去想我们自己的问题，想想他人的优点吧。这样一来，我们就不用说那些浅薄虚妄的奉承话——这些虚伪廉价的话往往在出口之前便会被识破。

赞美可能是生活中最容易被忽视的一种美德。当孩子在学校取得优异的成绩拿回成绩单时，我们忘了夸奖他们；当孩子终于烤出蛋糕或为成功搭建鸟舍而高呼时，我们忘了夸奖他们。实际上，孩子最想要的莫过于来自父母的认可和赏识。

下一次，当你吃到火候恰到好处的美味牛排时，请将你的赞赏告诉厨师。购物时，假如一位疲惫的售货员仍旧非常有礼貌地为你服务，记得要表达你的谢意。

每个当众演讲的人都对此深有体会：当他们为听众献上他们力所能及的演讲却没有得到任何的肯定和赞赏时，他们会十分难受、委屈。专业人士都有这样的感受，那么普通职员、店员、工人遇到这种情况就更会感到难过和失落。所以，烦请记住，与我们打交道的人都是需要认可和赞赏的普通人。他们都会因我们的赞美而精神振奋。

在需要温情的地方，要试着用感恩的火花铺就一条友善之路，你要相信，在你重新回到这里时，你会发现它们已经变为友谊的火焰，温暖地回报你。

帕米拉·邓纳姆来自康涅狄格州，她在一家商场工作，职责之一是督促一个门卫干活。这个门卫的工作表现不佳，其他员工经常奚落他，还往他负责的大厅里扔垃圾表达对他的不满。有时候这种行为不免影响了正常的工作。

帕米拉尝试着采用很多办法提高门卫干活的积极性，却都没有效果。她忽然发现了这个门卫在某些方面做得有可取之处，于是就找机会在众人面前对他进行表扬。慢慢地，门卫的表现有了变化，渐渐能够把其他的工作也做得很好了。后来，他的表现令人十分满意，得到了其他员工的认可和赞赏。你看，嘲笑与谴责不能改变现状，而真诚的赞美却能带来改变。

采用伤害他人的方法并不能解决问题，因此不值得提倡。我曾在一张报纸上看到一条古老的谚语，我把它剪下来贴在我的镜子上，以便我每天都看得到。它是这样的：

时光永远向前，而不会重新来过。因此，若我能为任何人谋得任何有利于他的事，都应立时实行，毫无吝啬，不推脱也不漠视，因为这一刻过去了就无法重来。

爱默生说过这样一句话："我所遇到的人，在某一方面肯定有比我强的地方，我通过学习他们的长处得到进步。"

假如就连爱默生都是如此，那我们岂不是更要如此？请放下自己的功利和欲望，努力发现他人的优点，然后收起虚伪，真诚、由衷地赞赏他们。这样，他们会将你的真诚赞美珍藏于心底，经常拿出来重温一下；尽管你可能已经忘记了那些话，但是他们却会一直珍视。

站在他人的角度考虑问题

炎炎夏日，我经常去缅因州钓鱼。我很喜欢用草莓和奶油做鱼饵，可是我却发现鱼儿不喜欢吃它们，而喜欢吃蚯蚓。于是，我在钓鱼时就抛去了我的喜好，而去照顾鱼儿的喜好。也就是我不再用草莓和奶油作鱼饵，而是把串着蚯蚓和蚱蜢的鱼钩沉入水中，并问鱼儿："你们是不是想尝尝啊？"

钓鱼是这个思路，那么若想笼络人心，是不是也可以试试同样的办法呢？

第一次世界大战的时候，时任英国首相的劳合·乔治就是如此行事的。有人问他：为什么其他战时将领，比如威尔逊、奥兰多、克莱蒙梭已经渐渐从人们的记忆中消失了，而他却仍然身居要职？他回答道：假如非要我为自己身居高位找一个原因的话，可能就是因为我懂得"因鱼下饵"的道理。

为什么我们总念念不忘自己的所需呢？这是十分幼稚的行为，很可笑，不是吗？当然，你对自己的需求很在意，也会一直在意下去，这是人之常情；可是别人，他们不会在意你看重什么，因为如同你一样，他们只在意自己想要什么。

由此可见，谈论他人的需求是影响他人的唯一办法，并且在此基础上，要告诉他们如何能获取他们所需。明天当你想让某人做某事的时候，你不妨试试这个办法。比如说，假如你想让你的孩子远离吸烟，你不要对着他们吼叫，也不必要求他们如何如何做。你应该这样跟他们讲：吸烟可能导致他们失去进篮球队的资格，也无法在百米赛跑中取得好成绩。

实际上，这个方法不仅适用于孩子，而且适用于任何生物，你应该谨记这一点。看下面这个故事：

> 一次，爱默生和他的儿子打算将一头小牛弄进牛舍，可是小牛不愿意进去，所以无论爱默生父子两人如何使劲儿，小牛都会挺直了腿向后用力，不肯向前。父子俩坚持着自己拉牛进棚的想法，不做任何退让，由此双方僵持着。一个爱尔兰女佣看见父子俩的窘境，走上前将手指轻轻地放在小牛的嘴里，一面让小牛吮吮手指，一面向牛舍退去，最后顺利将小牛引进了牛舍。

这位女佣尽管没有多少学识，但是至少在这种情况下她比爱默生更了解小牛的心思，更懂得如何与小牛交流。

不可否认，从一出生开始，你的每一个行为就都源自你内心的某种欲望。也许你会反驳说，给红十字会捐钱可不是为了自己。这件事应该这么看：你捐款是因为你想要帮助人，去做一件无私神圣的事情，你希望借此获得满足感。《圣经》中说："这些事你们既做在我这弟兄中最小的一个身上，就是做在我身上了。"

假如你对上述情感的渴求低于你对金钱的拥有欲望，那么，你就不会捐这笔钱了。当然，你捐款也可能是因为不好意思拒绝，或是因为有人要求你这么做。不过无论怎么说，你之所以捐款是因为你渴望获得什么东西。

哈里·奥弗斯特里特是《影响人类的行为》一书的作者，他在这本著作中谈道："行为最根本的动力是人类的欲望……无论是在商界，还是在家庭，抑或在学校或者在政界，假如你想让别人听你的话，首要途径就是引发他人的强烈欲求。胜者坐拥天下，败者踽踽独行。"

安德鲁·卡内基曾是个穷小子，他的第一份工作每小时只挣两美分，可是最终他却向社会捐献了3.65亿美元。在他还是年轻人的时候，就深深懂得影响他人的唯一方法便是以对方的需求为出发点。他虽然只接受了4年教育，却知道如何与人相处。

卡内基有两个侄子在耶鲁大学上学，他们的母亲放心不下，经常写信给他们；可是他们在耶鲁大学忙着自己的事情，忽略了母亲的担心和顾虑，从来不给家里回信。

卡内基说他有办法让两个侄子回信，并与人赌100美元。之后，他给侄子写了一封信，整篇都是闲扯的废话，只在附言的部分随意说随信给两人各寄去了5美元钞票。

可是，他并没有在信封内放入钞票。

奇迹出现了，他的两个侄子回信了。侄子在信中写道："谢谢安德鲁叔叔的关心，可是……"我想即使我不说后面写的是什么，你也应该猜得出来。

我有一个名叫斯坦·诺瓦克的学员，他来自俄亥俄州克里夫兰市。一次，他给我们讲了一个他家里的事情。

诺瓦克的小儿子蒂姆该上幼儿园了，可是小家伙却不愿意去。下班回到家的诺瓦克看见躺在地上又哭又闹的蒂姆，小家伙表示不愿意去幼儿园。这件事要是放在平时，诺瓦克会把儿子赶回房间，告诉他要乖乖听话，准备好第二天上学。但是那一次，诺瓦克意识到这样做并不能让蒂姆真正愿意上学，于是他静下心来认真思考："换作是我，我会因为什么而想去幼儿园呢？"最终他想出了一个办法。他拿出纸和笔，跟妻子一起列出了几项蒂姆可能会喜欢的活动，比如手指绘画、唱歌，还有交际活动，然后他们开始行动起来了。

"我与妻子里尔和大儿子鲍勃表情愉快地在餐桌上玩手指绘画。很快，蒂姆就悄悄地溜出房间，先是躲在角落里看着我们玩儿，接着他要求加入我们的活动中。"

"哦！这是办不到的。你需要先去幼儿园学习怎么绘画。"诺瓦克拿出十足的热情给他讲所列出的在幼儿园所有的活动，让他明白上幼儿园就可以享受这些乐趣了。第二天早晨，诺瓦克原以为自己是全家第一个起床的，没想到下了楼却发现客厅椅子上坐着睡眼蒙眬的蒂姆。

"你在这儿干什么？"诺瓦克问。

"我等着去上幼儿园，我担心迟到。"

全家人精心设计的活动终于让蒂姆上幼儿园的渴望被唤起，这种效果是任何说教和威胁都无法达到的。

明天也许你就要做一件劝服别人的事。在开口之前，先停下来问问自己："我要如何做才能让对方愿意去做我想让他去做的事呢？"

这个方法可以防止我们唠叨不停地只顾诉说自己的观点，结果却总是与我们的意愿相反。

我曾经租下纽约一个酒店的宴会厅，每个季度租20天，我用它举办一系列讲座。

某一季度，我的讲座马上就要开始了，酒店方面突然通知我房租涨了3倍。当时讲座的门票已经售卖一空，通知也已经发给听讲人了。

站在我的角度，我当然对酒店这种坐地起价的行为很恼火，但是去向酒店说明自己的想法又有何用？酒店关注的只是自己的收益。几天之后，我拜访了这家酒店的经理。

"老实说，接到通知我很吃惊。"我说，"不过我可以理解你。

要是换作我在你的位置上，我或许也可能这样做。酒店经理的职责之一就是努力为酒店获取最大的收益，不然会被辞退。假如非要提高租金的话，先让我帮你分析一下这样做的利弊。"

我拿来一张信纸，在信纸中间画了一道竖线，在左栏写上"得"，右栏写上"失"。

我在"得"的下方写上"收回宴会厅"，然后我解释道："你将宴会厅收回，可以再租出去举办会议或舞会。这样做无疑会增加收入，因为举办那些活动能比举办讲座获得更多收益。假如我占用它，无疑会让你错失几笔大买卖。"

"那好，让我们再来看一下提高租金会带来哪些损失。首先，如果你坚持涨价，那么你从我这儿拿不到一分钱的租金，也就是说，你将失去我这个客户，因为我付不起3倍的租金，我只能另找个合适的地点举办我的讲座。"

"实际上，你的损失还不止于此。要知道我的讲座会吸引很多高端人士来到你们酒店。难道你不认为这对于你们来说是很好的宣传吗？你们即使花5000美元在报纸上做广告，也未必可以吸引这么多高端人士来参观你们的酒店，而我的这种宣传对于酒店来说是十分划算的，不是吗？"

在说的同时，我在右栏将这两点"损失"填写上，然后我将这张纸递给酒店经理，说道："我希望您能好好想一想，权衡一下，再给我您最终的答复。"

第二天，酒店经理就给了我答复——3倍的租金被50%的上涨幅度取代。

请注意，交流中我根本没提自己的想法，一直在谈他们的需求以及如何满足他们的需求，就获得了如此的优惠。

设想一下，如果我当时按捺不住怒气，冲进他的办公室质问他："你们这么做想干什么？你们明明知道我的票已经销售出去了，通知也下发了，你们却要收取3倍的租金，想什么呢！告诉你，我是不会按照你们的要求做的！"

如果是这样的情形，事态将如何发展？可以猜到争吵是避免不了的——你也清楚争吵会导致什么结果。即使知道行事不对，酒店经理也多半不会放下尊严屈服让步。

在这里分享一下亨利·福特关于人际交往艺术的至理名言，它值得我们每个人铭记。他是这样说的："假如说成功有秘诀的话，那就是站在他人的立场上了解他的想法。"

亨利·福特的话真是经典，我再重复一遍："假如说成功有秘诀的话，那就是站在他人的立场上了解他的想法。"

实际上，这个道理并不难懂，可以说人人都懂，可是世界上有90%的人在90%的情况下都无视它。

还是举个例子来说吧：明天上午你翻开堆在你办公桌上的那些信件，我敢说其中绝大部分都违背了这一准则。拿其中一封为例。这封信出自一家广告公司的广播部主管，是他为分公司电台经理所写的一封信。（在每个段落后面，我都用括号注明了读后自己的看法。）

亲爱的布兰克先生：

本公司希望在广播业界保持优势地位。

（你们公司想要什么我才不在乎呢。我自己还有一堆烦心的事呢。银行要取消我家的房屋按揭；我种的蜀葵眼看着遭受虫子的侵害；昨天股市暴跌；我错过了今天早上8点50分的班车；昨晚琼斯家举办舞会，却没有邀请我；医生警告我患上了高血压症、神经炎，还有多头皮屑症。然后我带着这些烦心事走进办公室，打开邮箱，却看见纽约这帮自以为是的家伙告诉我他们想怎么样。哼！如果他们意识到自己的信会带给他人如何糟糕的印象，我想他们应该没有颜面在广告界混下去，会马上琢磨生产消毒药水了。）

遍及全国的广告客户是公司最为重要的保障，他们的广告覆盖率让公司连年保持同行业领先地位。

（就算你们实力强大、财力雄厚、业内领先，那又如何呢？即便通用汽车、通用电气和美国陆军总参谋部合起来才有你的规模，我也不会有多高兴的。如果你们的智商能有蜂鸟的一半，你们就会发现我所在意的只是我自己的公司前景如何，而不是你们有多么强大。你们越是对自己夸夸其谈，越会让我感觉自己的弱小，不值一提。）

本公司希望可以让我们的客户享用到我们的电台信息服务。

（你们只谈你们的希望！你们真是不折不扣的蠢人。你们有没有想一想你们的希望抑或美国总统的希望与我又有多大的关系呢？我重申一下，我只关心我自己的需求，而你们这封幼稚可笑的信却完全忽略了我的需求。）

您是否可以将本公司优先列入每周电台信息的选择名单？对公司来说，巧妙安排预定时间中的每个细节是十分关键的。

（"优先列入选择名单"，这话你还能说出口！之前你一直不停地炫耀自己，让我感到自己的渺小；现在又要我优先把你列入"选择名单"，提出这样一个要求，你甚至都没说"请"字。）

请尽快回复，并告知贵电台最近的业务状况，便于你我交流沟通。

（你这愚蠢的东西！你寄给我这种不值钱的套用信函，它们像秋叶一样四处散落，还要求我不要去考虑我的房屋按揭、蜀葵和高血压，尽快给你回复。"尽快"是什么意思？你忙，我比你更忙。好吧，我们就现在的事来说，我为什么要接受你的命令？你说"便于你我交流沟通"，好，你终于想到我了，可是你知道这件事对我到底有什么益处吗？）

约翰·多伊
    附：随信附上一份复印件，它来自《布兰克威尔期刊》。您或许愿意在贵电台播出这个信息。

（你终究还是没有忘了说一点儿对我有用的，你给我的这份复印件或许对我解决一件闹心事有所帮助。我奇怪为什么你不在一开始就说这件事？虽然说了也没多大用处。我认为你一定是脑袋出了毛病，所以才在信中唠叨不休说了那么多愚蠢的话。我看，一张业务报表对你没有什么实际作用，你需要一斤碘酒来治疗你的甲状腺肿大问题。）

瞧瞧，这些从事广告业的人总是自以为是地向人展示他们深谙销售之道，从他们写的信就可以看得出来；我们又如何奢望屠夫、面包师或汽车修理工写的信多符合人性呢？

我有一位叫爱德华·韦尔米伦的学员，他收到一封大型货运站的一位主管给他的来信。这封信会带给收信人什么样的感受呢？还是先看看这封信吧，然后我再跟你讲看信后的感受。

尊敬的爱德华·韦尔米伦先生：
    我公司收货站在傍晚时分将会面临大批货物同时抵达的情

况，这将造成我公司收货站的运作陷入瘫痪，大批货物积压，员工加班工作，货车班时也会延误，交货延迟的现象必然会出现。我们是在下午4点20分收到贵公司11月10日送来的510件货物的，在此，我们恳请贵公司给予我公司积极配合，以缓解延迟交货造成的后果。今后，如果有大宗货物需要运送，贵公司是否可以安排提早发货，或者安排部分货物在上午送达？

做这样的安排十分有利于贵公司，它不仅会让贵公司的货运卡车能够及时返回，还能让贵公司的货物在送货的当天实现配送。

诚挚的主管

J. B.

在看过了这封信后，韦尔米伦先生，也就是该公司销售经理将这封信寄给了我，随信还寄来了他的一番感慨：

这封信所起的作用与对方所期望的恰恰相反。在信中，一开始阐述了货运站遇到的困难，可是这些问题并不是我们所关注的。接着，他们要求我们给予他们积极配合，却没有考虑到这样的要求可能会造成我们的不便。最后他们总算提到与他们合作可以让我们的货物能够及时配送了。也就是说，我们最关心的事情最后才被提及。在看过这封信后，我心里产生的是反感，而不是积极配合的欲望。

现在我们试着修改这封信，让它带来不同的感觉。这次可别再浪费时间一味谈自己的难处了，要遵照亨利·福特提出的告诫："假如说成功有秘诀的话，那就是站在他人的立场上了解他的想法。"

我们试着修改了这封信。也许修改得不是最好的，但它何尝不是一种提高呢？还是先看看吧：

亲爱的韦尔米伦先生：

在14年来的合作中，贵公司一直给予我们积极的配合，对于你们的信任和合作，我们十分感激，同时也渴望为您提供最便捷、最高效的服务。可是我要跟您讲，假如你们像11月10日那样在傍晚的时候才将大宗货物送达，将致使我们无法保证提供优质的服务。原因在于很多客户都在这个时间段将货物送达，这就造成了货物堆积。这样您的货车势必需要在码头排队，无法及时卸货，另外，还有可能会延误发货。

虽然这种情况很让人不愉快，却是可以避免的。要是您的货车在上午将货物送达，那么就可以一路畅通地进入码头，您的货物就可以及时卸载和配送，我们的员工也可以正常下班，与家人一同享用贵公司出品的美味面条了。

当然，不管您的货物什么时候送达，我们都会尽己所能为您提供周到的服务。我们清楚您是个很忙的人，所以不必浪费时间给我们回信。

诚挚的主管

J. B.

芭芭拉·安德森是一名银行工作人员，工作在纽约。她的儿子身体不是很健康，于是她想迁到亚利桑那州的凤凰城生活。她运用在我们课程中学到的知识，向凤凰城的12家银行写了下面这封求职信：

亲爱的先生：

我是个有着10年银行工作经验的人，我认为我的加盟会对像贵行这样飞速发展的银行有益处。

目前，我在纽约一家信托银行出任分行经理。银行很多方面的工作我都可以胜任，我对各项业务十分熟悉，例如储户关系、信贷业务、行政管理等。

5月我就要去凤凰城定居了，我相信我的业务能力可以为贵行的发展贡献绵薄之力。我将于4月3日前往凤凰城，到时候如果贵行能够给予我展示我能力的机会，我会向你们阐述我将如何协助贵行完成各项任务，希望你们能够给予我这个机会。

最真诚的

芭芭拉·安德森

在你看来，安德森夫人的信会有回应吗？告诉你，12家银行中有11家向她发出了邀请信，她有很大的选择余地。这样的结果是怎么来的呢？原因在于安德森夫人没有说她想要得到什么，而主要表述了自己可以帮助银行做些什么。

销售是个很累人的活儿，许许多多的销售人员为了取得好业绩而四处奔波。他们的任务重，而报酬往往很低，因此他们经常愁容满面。为什么会出现这样的情况呢？因为他们往往只想着自己想要什么，而忽略了别人实际上并不需要购买任何东西。假如我们需要某件东西，我们自然就会出门买回来。不过有一点也是真实的，那就是人们永远都面临着各种问题，因此，人们需要的是解决问题的方法。假如销售人员能够向我们展示他们的产品或服务可以帮助我们解决问题，那么，他们根本就不需要说服我们去买他们推销的东西，我们会主动购买。消费者都希望这些东西是自己心甘情愿买的，而不是销售人员强行销售给我们的。

可是，那些卖了一辈子东西的销售人员从没有站在消费者的角度考虑过这个问题。举例来说吧。"森林山庄"是一个位于纽约区中心的私人社区，我曾经在那里住过许多年。一天，我匆忙赶往车站的时候，与一位资深的房地产商不期而遇。这位先生一直在这个社区附近从事地产交易，他对"森林山庄"小区的情况十分熟悉。匆忙中我向他咨询我的灰泥墙房屋是不是用钢筋和空心砖筑成的，他回答我说他不清楚，同时建议我打电话给"森林山庄"房屋协会询问这件事。他说的这种途径实际上我事先就已经知道了。第二天上午他给我写了一封信，是为了告知我想要知道的事情吗？不是的。实际上他完全可以打电话问清此事后再通知我，这只需要一分钟的时间，可他并没有这么做。在信中，他又一次跟我讲可以打电话咨询这件事，接着就劝我，希望我答应让他做我的保险经理人。

你看，他在意的只是自己的事，根本不关心我的问题。

霍华德·卢卡斯先生来自亚拉巴马州伯明翰市，他跟我们分享了同一家公司两位销售人员处理同一问题的不同方式。卢卡斯说：

几年前我负责管理一家小公司。我们公司的旁边是一家大型保险公司的总部，他们的销售员各自负责不同的片区，负责我们公司所在区域的是卡尔和约翰。

一天清晨，卡尔来拜访我们公司。在交谈中，他告诉我们，他们公司为高级管理人员推出了一款新型人寿保险，并说我们会对这款新型保险感兴趣的，但是要等他再了解更多的信息后才能让我们知道得更详细。

卡尔离开后，他的伙伴约翰在喝完咖啡之后回办公室的路上与我们遇见了，他大声喊："卢卡斯，请等我一会儿，有个好消息告诉你们。"他快步走近我们，说了他们公司特意为高级管理人员推出人寿保险的事，实际上就是卡尔提到的那款保险。他说他想让我们成为第一批投保人。在向我们解释完这款保险的涵盖内容以及保期等信息后，他说："由于这款保险是新推出来的，有些细节我也不明白，明天我让公司总部的人过来为你们详细讲解一下。现在让我协助你们先把申请表填了吧，这样总部的人能够更好地为你们介绍细节。"

尽管我们仍旧没有得到这款保险的详细信息，可是约翰的热情勾起了我们对这款新险种的好奇心。后来我们终于了解到这款保险的其他细节，这些细节佐证了约翰最初对这个险种的解读是正确的。于是，我们都买了这款新险种，不但如此，后来还追加了投保额。

实际上，这个交易本来可以由卡尔来达成的，但是他没有尽力激起我们购买这份保险的欲望，所以，他失去了这个机会。

这个世界上有很多很多贪婪自私之人。由于贪婪和自私，他们成就有限，那极少数乐于无私奉献的人取得了更大的成就。著名律师、商业领军人物欧文·杨曾经说过："那些真正站在他人角度为他人着想、在意他人所需的人，世上已经为他们准备好了奖赏。"

假如你只从本书中学会了一件事，即懂得了站在他人的立场、从他人的角度考虑事情，那么你很快就会发现你的这个收获必将让你的事业牢牢扎根。

站在对方的角度，激发他人强烈的欲望，并不是让你可以借此损害他人利益、操控他人为你所用。这句话真正的要义是，每一方都应从合作中有所收获。就拿韦尔米伦先生收到的信来说，将货物提前送达会给送货方和收货方双方都带来好处。芭芭拉·安德森得体的求职信为她和银行都带来了好处——银行谋得了人才，而她找到了心仪的工作。约翰与卢卡斯先生之间的保险交易也是这样的，约翰卖出了保险，而卢卡斯先生得到了保障。

迈克尔·惠登的故事更充分阐明了这个道理。迈克尔·惠登供职于壳牌石油公司，负责一个区域的石油推销工作。他想当上区域销售冠军，却被一家加油站挡住了实现梦想的脚步。这家加油站的经理不想在加油站装修上花钱，陈旧的设备吸引不来顾客，影响了销售。

迈克尔建议这位经理升级设备，可是这个经理对他的建议置若罔闻。因此，迈克尔决定带领这名经理参观辖区内最先进的加油站。

这个经理被新加油站的现代化设施深深打动了。当迈克尔再一次去见这个经理时，发现这个经理的加油站已经旧貌换新颜了，销售额也直线上升，迈克尔由此一举成为该区域的销售冠军。苦口婆心的劝说没有打动固执的经理，一次参观却激发了他内心的渴望。这样，经理和迈克尔获得了双赢。

在大学的时候，人们品读维吉尔的诗篇，学习微积分的解法，却从来不去关注他们自己思维的运作模式。举个例子，我曾经受邀给即将进入大型空调生产商开利公司工作的新员工上培训课，讲授说话的艺术。这些新员工多数是刚走出校门的大学生。培训中，有这样一个训练：说服对方在空闲时间来和他打球。一位学员是这么讲的："我想让你们出来和我打篮球。打篮球是我非常喜欢的运动。前几次我去了体育馆，可是人手不够，没有凑成队，根本玩不起来。前两天晚上，我们两三个人在街上打球，结果我被人打了；所以我希望你们明晚能来，我真的很想打篮球。"

在他的话中，你是否察觉到了他根本没有顾及你的感受？你并不想去没人去的体育馆，更不想在街上打球而被人打，不是吗？他有多喜欢打球，还有他的希望与你又有什么关系呢！

实际上，他原本可以描述一下那座体育馆哪些地方可以吸引你，在那里打球对你有哪些好处，比如说有活力、振奋精神、强身健体等这些可能吸引你的地方，他却偏偏没有说。

还是让我们再回忆一下奥弗斯特里特教授的告诫吧：假如你想让别人听你的话，首要途径就是引发他人的强烈欲求。胜者坐拥天下，败者踽踽独行。

我的一位学员的孩子十分瘦弱，每次吃的东西很少，对此他非常担心。他采用了一般父母惯常的方式埋怨、斥责他，"妈妈希望你把这些都吃掉"，"爸爸想让你快点成为男子汉"。

孩子是否能听进去父母的唠叨？听不进去的！那些话如同风一样在耳边刮过，什么都没留下。

认真想一想，一个3岁的孩子怎么会听从30岁父亲的话，可是那位父亲却偏偏有这样的期待，这未免有些可笑。所幸的是他后来意识到了自己的失误，他问自己："孩子希望得到什么呢？我如何才能把孩子的愿望和自己的愿望结合在一起呢？"

没用多长时间，父亲就有所发现了。孩子喜欢在布鲁克林的街道上骑脚踏车，住在那附近的一个胖男孩经常欺负他，把他的脚踏车抢过去玩。

一般的情形是，受到欺负后的小男孩哭着跑到妈妈身边求助，而妈妈就得站出来替孩子讨回公道，将那个胖男孩从三轮脚踏车上拉下来，再把自己的孩子抱回车上。这样的事情差不多每天都会发生。

这个小男孩希望自己做到什么呢？这个问题并不是很难猜，一般人都可以猜得到。孩子天性中存在的自尊、愤怒和被重视感促使他去讨还公道，想朝着那个胖男孩的鼻子来一拳。于是爸爸跟孩子说，只要他按妈妈的要求好好吃饭，一定会有一天可以将胖男孩打得一败涂地。从那以后，孩子渐渐好好吃饭了，连不爱吃的菠菜、酸白菜、盐烧青花鱼也喜欢吃了，凡是可以让自己变强壮的食物他都来者不拒，他相信总有一天自己会强壮到可以去修理那个总是欺负他的可恶的胖子。

接着，孩子尿床的毛病也被纠正了过来。

平时这个孩子晚上和奶奶睡觉。每天早上，奶奶总是指着湿漉漉的床单说："约翰尼，你看看这是昨晚你干的好事。"

孩子不肯屈服："不，那不是我尿的，是你尿床了。"

斥责、羞辱、打屁股、再三告诫不能再尿床，可是没有什么实际作用，孩子依旧还是尿床。父母一直在想："孩子尿床的毛病如何才能根治呢？"

他们开始琢磨孩子想要什么呢？首先，他很喜欢爸爸那样的睡衣，而讨厌奶奶的大睡袍。于是奶奶答应在不尿床的前提下可以给他买一套新睡衣。其次，孩子希望拥有一张属于自己的床，对这个要求，奶奶也表示了同意。

妈妈领着孩子来到商场，对一名女售货员眨了眨眼睛，然后说道："我家的这位小先生想从您这儿购买东西。"

于是女售货员问："小先生，告诉我你想从我这里购买什么呢？"

孩子有了被重视的感觉，踮起脚尖回答："我想买一张属于我自己的床。"

床在第二天就送到了。晚上，爸爸一进入家门，孩子就跑到门口大喊："爸爸！爸爸！我买新床了，快来看！"

爸爸跟着孩子看他的新床，像查尔斯·施瓦布所说的那样，对此，他真诚地赞美，发自肺腑地赞美。

"你是不是不会再尿床了？"爸爸问。"当然，一定不会了！我怎么会弄湿我的新床呢。"孩子真的做到了，因为这关系到他的尊严。正如他所说，这张床是属于他的，也是由他自己挑选的；另外，他更像个男人了，因为他有了像男人的新睡衣了。他想让自己像个真正的男子汉，而他显然没有让人失望。

杜奇曼是我的另一位学员，他也为孩子的事情发愁。他有个女儿，已经3岁了。她有个很不好的习惯，就是不爱吃早餐，无论是斥责、恳求还是哄骗都不起作用。杜奇曼开始思考："如何才能让女儿主动爱上早餐呢？"

女儿平时喜欢装扮成妈妈的模样做事。一天早晨，妈妈搬来凳子，让女儿站在上面跟自己一起做早餐。孩子很兴奋地参与进来。在搅拌麦片的时候，杜奇曼特意走进厨房，孩子高兴地喊道："爸爸，爸爸，快看，我在做今天的麦片。"

那天，无须大人督促，孩子一口气吃了两份麦片。因为参与做饭让孩子找到了乐趣，孩子乐在其中，这让她获得了一种成就感和价值感，让她证明了自己的意义。

"人类天性中一个最根本的需求就是证明自己。"这是威廉·温特说过的一句名言。那好，既然这样，为什么不把这条原则应用在商务谈判中？当我们有了一个好的见解，不一定非要将它作为自己的想法讲出来，最好的办法是诱导他人，让他人自己想出同样的办法。他们一定会为自己能想出这个主意而高兴的，兴许会一下子想到两个主意呢。

请不要忘记这句话："假如你想让别人听你的话，首要途径就是引发他人的强烈欲求。胜者坐拥天下，败者踽踽独行。"

第二篇

如何赢得他人的喜爱

广受欢迎的奥秘

想了解交朋友的办法和技巧需要读这本书，这是为什么呢？完全可以向世界上朋友最多的人学习交友之道呀。可是你知道他是谁吗？也许你会在街上遇见他。当你距离他只有一步远的时候，他就会开始对你摇尾巴了。假如你停下来拍拍他，他也许会兴奋得跳起来，让你了解到他有多喜欢你，对你抱有多大的热情。而且你也清楚，在这般示好的背后并没有什么其他动机，比如他不想卖给你房子，也不想和你结婚。猜对了，这个"他"就是我们人类的好朋友——狗。

不知道你是否想过，这个世界上唯一一种不需要谋生的动物，可能就是狗。你看，鸡要生蛋，奶牛要产奶，就连金丝雀也要歌唱，可是狗呢，这些生存的手段它都不会，也不需要，它只需要向你表示它的好感就可以了，不用做其他的。

5岁那年，我拥有了一只黄色小狗，是我父亲花了50美分买的，它给我的童年带来了许多欢乐。它叫蒂皮，每天下午大约4点半的时候，它都会在院子里老老实实地坐好，双眼盯着小路；当听见我的声音或是看见我拿着饭盒穿过灌木丛，它马上如同一只射出去的箭一般冲出来迎接我，兴奋地在我身前身后又蹦又跳，同时汪汪地叫。

整整5年，我和蒂皮快乐地生活着。不幸发生在一个夜晚，我永远都不会忘记那个夜晚。就在那个夜晚，蒂皮在距离我脚边10英尺的地方遭雷击而死。蒂皮的离去，是我童年时无法抹去的悲伤。

蒂皮自然没有读过任何心理学书籍，也不需要读。可是它那灵敏的感觉告诉它，只要真诚地关注他人，那么在两个月内交到的朋友肯定要比他人费尽心思在两年内交到的朋友都要多。我将这句话再说一次，只要真诚地关注他人，那么在两个月内交到的朋友肯定要比他人费尽心思在两年内交到的朋友都要多。

不可否认的是，在世上有一些为了吸引他人注意而挖空心思讨好他人的庸碌之辈。可是，我要告诉你，这招并不管用。他们不会关心你，他们也不会关心我，因为他们只关心自己——无论是在早上、中午还是晚饭后，时时刻刻都是这样的。

纽约电话公司曾做过一次有趣的调查，调查的内容是在人们的日常电话交流中什么词使用频率最高。或许出乎你的意料，出现频率最高的词居然是人称代词"我"。在500通电话中，"我"这个词曾使用了3900次。

想一想，当你看一张包括自己在内的合影时，你第一眼看谁？

要是我们想尽各种办法为的只是让别人记住我们，并对我们产生兴趣，那么一定结交不到任何真诚的、知心的朋友。诚挚的友谊一定不是通过这种途径建立起来的。

拿破仑亲身试验过这招。在和约瑟芬最后一次见面时，他说道："约瑟芬，在这个世界上，我曾经认为我是最幸运的；但是在这个时候，我在这个世界上唯一可以依靠的人只有你。"虽然历史学家们一直在质疑这句话的真实性。

阿尔弗雷德·阿德勒是维也纳很有名望的心理学家，《生活的意义》是他的一部作品。在这本书里，他写道："有一类人，他们对身边的伙伴没有丝毫的兴趣；这样的人经常遭遇生活的挫折，同时也总是给生活在自己周边的人带来麻烦和伤害。生活在这样人的周围，犹如生活在寒冬，生机难现。"

你也许浏览过很多心理学巨著，却从未从中看到这样一句对你我更有意义的话。阿德勒的那句话蕴含了深刻的道理，我想在此再重复说一次：

"有一类人，他们对身边的伙伴没有丝毫的兴趣，这样的人经常遭遇生活的挫折，同时也总是给生活在自己周边的人带来麻烦和伤害。生活在这样人的周围，犹如生活在寒冬，生机难现。"

我过去曾在纽约大学研究过故事写作，有一位老师在一家知名杂志社做编辑工作。在课堂上他对我们讲，他每天会在堆放在桌子上的几十篇故事中随便抽出一篇来读，只需浏览几段，他就能感觉到作者对身边的人是否关心，"要是作者丝毫不关心身边的人，那么人们自然也不会看他们写的东西。"

这位见识广博的编辑在讲授小说写作时两次停下来跟我们说对不起，说他讲给我们听的只不过是那些谁都能讲的东西罢了。他说："我不想讲更多的大道理，但请你们一定要记住，要是你们想写出打动人心的作品，你们一定要首先对人有兴趣。"

小说写作如此，人际交往也是这样的。

霍华德·萨士顿是非常有名的魔术师，一次他在百老汇表演的时候，我到他的更衣室里与他进行了一次长谈。40年间萨士顿游遍了全球，一次又一次地创造魔幻奇迹，让许多观众大饱眼福，甚至为他的演出而痴迷。全球超过6000万人曾经亲临现场观看过他的表演，他也因此赚取了超过200万美元的收入。

我对萨士顿的成功很好奇，就问他，让他成功的秘诀是什么。我了解到，他的成功和他的学历显然没有多大的关系，因为他年纪轻轻就离家出走，开始了浪迹天涯的生活。他在大篷车里生活过，在草垛里睡过觉，还挨家挨户地讨饭吃；他认识的字是他坐大篷车的时候从路边的标志牌上学来的。

他对魔术知识的了解程度远超他人吗？并非如此。他跟我讲，介绍魔术的书籍有很多，很多人和他一样都读过这些书，可是他和其他人相比拥有两个与众不同的地方：第一，他对如何能在舞台上更充分展示自己的个人魅力更在行。他对表演更有感悟，他了解人性。他的每一个动作、手势，语调上的每一次变化，甚至每一次表情变化都经过认真排练，精确到每一秒。第二点更为关键，那就是萨士顿真正把观众的需求放在心上。他跟我这样讲，很多魔术师在上台之前都会看着观众对自己说："瞧，这些愚蠢的人、笨蛋，看我晚上怎么骗他们。"但是萨士顿从不这样想，每一次表演之前，他总要提醒自己："观众是我的衣食父母，他们能来看我的表演，我无限感激。今晚我要努力把我最好的表演献给他们。"

每次登台表演之前，萨士顿都会告诉自己："我爱你们，我的观众。"这很可笑吗？还是令人不可思议？无论你怎么想，我只是为你陈述一个事实，把一个世界知名的魔术师的秘密告诉你们。

乔治·戴克30年以来一直在一家高速公路服务站工作，因为相关部门要在他所工作的服务站的位置上建一条新的高速公路，他被迫离开了工作岗位。没想到退休时间不长，他就发现自己实在无法忍受无聊的退休生活，因此他就把搁置已久的小提琴拿了出来，开始拉小提琴，以此来打发无聊的生活。很快，他就开始到各地旅行，听音乐会，与很多小提琴大师近距离接触。他对人谦逊，渴望了解小提琴的知识，同时也对接触那些音乐家非常感兴趣。尽管他本人还算不上一个优秀的小提琴演奏者，可是他在这个领域交到了很多朋友。

在参加了多场比赛之后，他的名字开始在美国东部的乡村音乐迷中流行开来，人们称他为"来自昆山郡的小提琴手乔治大叔"。在我们第一次听到"乔治大叔"的称呼的时候，他已经72岁了，名声正盛。他一直保持着对身边人的兴趣。就这样，他在许多人退休后无所事事的时候又开创了一条全新的人生之路。

同样的原因令西奥多·罗斯福广受人们的欢迎和热爱。詹姆斯·阿莫斯是罗斯福的贴身男仆，他曾经写过一本书，书的名字叫

《西奥多·罗斯福：男仆眼中的英雄》。阿莫斯在书中讲述了一个令人深思的故事：

> 我的妻子曾经问总统先生某种美洲鹑长得什么样，因为她从未见过这种动物。总统先生细致地向她描述了一番。几天后，我们小屋的电话响了，是总统先生打来的。我太太接了电话。电话中，总统先生告诉她，现在我们屋外就有一只美洲鹑，让她向外看，可能就会看到它了。总统先生的这类小故事很多很多。每次路过我们的小屋，即使没有看到我们，他也总是喊"你好吗，安妮""你好吗，詹姆斯"；他只想在我们可能听见的时候跟我们问声好，这让我们感到十分温暖。

对于这样的人，人们怎么会疏远他呢？人们怎么会不喜欢他呢？塔夫脱出任总统的时候，罗斯福先生到白宫来拜访，塔夫脱总统和夫人恰巧都不在；可是罗斯福先生看望了所有还在白宫工作的服务人员，即使洗碗的女仆他也能叫出名字来。由此可见，罗斯福先生有多么在意和关爱我们这些普通民众啊。

阿奇·巴特是塔夫脱总统的好友，他写道："当罗斯福先生看见厨房女仆爱丽丝的时候，问她是否还做玉米面包。爱丽丝跟罗斯福先生讲她现在只做给仆人们吃，因为主人们已经不吃这种面包了。"

"'那是他们的品位没有提高上去，'罗斯福说，'我看到总统先生的时候就这样跟他讲。'

"爱丽丝拿了一片玉米面包放在盘子里，然后端给罗斯福先生。罗斯福先生一边吃，一边走向办公室，顺便向园丁和工人们亲切打招呼……

"他就像从前一样和我们打称呼。作为白宫的首席接待员，艾克·胡佛已经在白宫工作了40多年。他两眼浸满热泪，说：'过去两年多，我们都没有这样开心过，即使你拿100美元和我们交换今天的快乐，我们都会毫不犹豫地拒绝。'"

这种关爱周围普通人的做法也帮了小爱德华·塞克斯的大忙。小爱德华·塞克斯在新泽西州查塔姆市做销售工作。他就曾因为这样的行为而促成了一笔交易。他说："几年前，当我还是强生公司的销售人员时，我去马萨诸塞州拜访客户。有一个客户在欣厄姆开了一杂货店。每次我去拜访他的时候，都要与卖饮品的店员以及销售人员聊上几句，因此会耽搁几分钟。和他们聊完之后，我再去和店主讨论合作事宜。

有一次，我前往那家店和店主商谈交易的事，他告诉我他不想再做强生公司的客户了，理由是他认为强生公司把销售重点转移到食品和折扣商店上了，这对他的小店来说有很大的损害，所以他希望我立刻离开。我垂头丧气地离开了，开车在城里绕了好几个小时。最后我决定再返回那店，和店主做进一步的商讨。"

"当我重新出现在那家杂货店的时候，我就像平时一样，一进门就与卖饮品的店员，还有其他销售人员问好。当我走向店主的时候，令我惊讶的是，他笑着走向了我；更令我惊讶的是，他下了比往常多一倍的订单。我十分吃惊，问他在我走后这几个小时内有什么事情发生了。店主指着卖饮品的店员告诉我，在我离开后，那个男孩跟他讲我是唯一一个肯花时间和他们打招呼的销售人员。男孩对店主说，要是有哪个销售人员有资格和他合作的话，那就一定是我了。店主相信了男孩的话，选择了我作为他的终身供应商。从那以后，我把真诚地关注他人作为一个销售人员最为重要的品质来看待，做其他事也是如此。"

我的经历告诉我：假如你能做到对他人真正关注，你就有可能得到很多人的关注，他们愿意与你交流、与你合作。还是让我举个例子来说明这一点吧。

若干年前，我在布鲁克林艺术科学学院主持一门写作课程。我们准备请一些知名作家来课堂上把他们的写作经验与学员分享，我邀请了凯瑟琳·诺里斯、范妮·赫斯特、艾达·塔贝尔、阿尔伯特·佩森·特修，还有鲁伯特·休斯等工作繁忙的作家。在邀请信中我表达了对他们作品的赞赏之情，并进一步表示我们十分想得到他们的指点，学习他们成功的秘诀。

全班150个学员都在寄出去的每封邀请信上签了字。我们在信中写道，因为很清楚他们时间紧张，可能没有空闲时间准备演讲内容，因此我们随信附上了一张写满了问题的单子，希望他们解答这些与他们本人有关系的关于写作的问题。这种善解人意又细致周到的方式得到了他们的认可和欢迎。因此，他们特意从各地来到布鲁克林，在我们的课堂上分享他们宝贵的经验。

凭借同样的方法，我又逐一把西奥多·罗斯福政府的财政部长莱丝丽·肖、塔夫脱内阁的首席检察官乔治·齐曼、威廉·詹宁斯、布莱恩·富兰克林·罗斯福，还有其他一些知名人士说服，来到我的公共演讲课上给我的学员讲课。

无论是工厂里的工人、办公室职员还是位高权重的君主，无一例外都喜欢那些仰慕自己的人。就比如德国国王威廉一世，在"一战"结束时，他被很多人视为世界上最无情、最残忍的人。在他逃亡荷兰的时候，德国的民众一致起来声讨他。可是就在这样怒火万丈的人群中，有一个小男孩给这个众叛亲离的人写了一封信，信中十分简单却又真诚地表达了自己对他的好感和善意。小男孩说，不管别人如何去想，他会一直将威廉一世当作自己的偶像。威廉一世被小男孩的真情打动了，邀请这个孩子到他那里做客。小男孩和妈妈一同前往做客，后来威廉一世和他的母亲结为夫妻。这个男孩不必通过书本去学处世之道，他天生就知晓这里面的道理。

假如我们想获得真诚的友谊，那就要真心真意为他人做些事情，做那些需要花费时间、精力的事情，以显示你的无私和体贴。当温莎公爵还被称为威尔士王子的时候，他在出访南美洲之前，特意用几个月的时间学习西班牙语，就是为了在南美洲的时候可以用当地的语言给公众演讲。事实证明，南美洲的人民因此喜欢上了他。

这些年来，我一直坚持一件事，那就是将我所有朋友的生日都记住。我是如何办到的呢？虽然我对星座之说一无所知，同时也并不相信，不过一有机会我就问他们是否相信出生日期与人的脾气秉性之间存在关联，随后我就顺便问他们的出生日期。要是他们告诉了我，比如说11月24号，我就会连说几遍"11月24号"。等对方一转身，我就把他的生日，记在我的本子上。每一年年初，我都会在电子日历上将他们的生日标记上。每当他们中有人过生日的时候，电子日历就会自动提醒我。也由此，我的朋友在过生日的时候总会收到我的生日贺信或是电报。这个时候，他们该有多么惊喜啊！

假如你要赢得他人的欢迎，就要热情地与对方打招呼，打电话的时候也要这样做。在接电话的时候，"你好"要说得让对方感到你的愉悦，要让对方感受到你和他通话是十分开心的。许多公司都训练他们的接线员要以一种充满热切、关爱的语调接听电话。这时候，打电话的人就会认为他们是被真正关心的。不用质疑这一点，并且要牢记它，明天接电话的时候就用上吧。

将你的真情带给他人不仅仅能为你带来友谊，而且还会为你的公司带来长期合作的伙伴。北美国家银行纽约分行一位名叫马德琳·罗斯戴尔的储户在该分行的刊物上发表了一封信，内容是：

> 我对贵行员工充满了感激之情。贵行的每位员工都对我热情有礼、关怀体贴。他们帮助我解决了很多疑难问题，看到工作人员一张张"欢迎你"的笑脸让我感到生活真美好！
>
> 我的妈妈去年因病住院5个月。我到银行办事时贵行工作人员玛

丽·彼得瑟罗对我妈妈的情况十分关心，经常问起她的情况。

显而易见，罗斯戴尔太太始终会信赖这家银行的。

一次，纽约市一家知名银行工作人员查尔斯·华特接到了一项任务，要求他对一家公司进行暗中查访。他迫切需要了解内情，可是他知道，只有一位总裁知道内情。于是，华特先生便去拜访对方。在华特先生刚来到这位总裁的办公室时，一位年轻姑娘探头进来，告诉总裁，她今天没能帮助他找到优质邮票。

"我12岁的儿子集邮，而我在帮助他。"总裁先生告诉华特先生。

华特先生将自己拜访的目的说明。可是面对提问，那位总裁却言辞闪烁，回答笼统。他并不想跟别人说这些事情，很明显也没有什么能迫使他告诉别人这些隐情。因此，这次拜访很短暂，华特先生的收获也寥寥无几。

"我不想隐瞒，当时我真不知道究竟如何办才好。"华特先生在课堂上分享这段经历时这样说道："突然我想起来那位年轻姑娘的话——邮票、12岁的儿子……然后我想到我们银行国际部经常和世界各地通信，有不少外国邮票，这或许帮上我。

"第二天下午我又一次拜访了这位总裁，告诉他我有一些珍品邮票，特意带来送给他的儿子。你说他会不会给我礼遇呢？那是自然的了。我的手被他紧紧握着，他满脸笑容，不停翻看着那些邮票，一边翻一边说：'我们家乔治一定会喜欢这一张的。哦，那一张更是珍品啊！'

"讨论这些邮票花了我们半个小时的时间，中间他还把他儿子的照片给我看。看完后都没用我开口，他就花了不止半小时帮我搜集我想了解的信息，又把他知道的所有信息都告诉了我，此外，还打电话把他的职员叫来询问有关事情，接着又和他的朋友通电话了解相关事情。他为我提供了许多宝贵的我想了解的事实、数据、各项报告及函电。用记者的行话来说，我拿到了独家重磅消息。"

下面这个例子同样说明了这个道理：

克纳夫来自费城，他多年来一直想方设法向一家大型连锁公司推销煤炭，可是这家连锁公司一直坚持与外省的一个经销商合作，从对方处购买煤炭。他们的运煤车每次都要从克纳夫的办公室门口经过。有一次，克纳夫先生在我的课堂上大发牢骚，痛骂那些连锁店是美国人民的公敌。

骂归骂，他对那些连锁店不从他这里购买燃料还是大惑不解。

这种情况下，我建议他换一种销售策略再去试试。简单来说，我采用了这样的方法：我把班级里的学员分成两组展开了一次辩论会，双方辩论的主题是：对国家来说，发展连锁店业务弊大于利。

在我的建议下，克纳夫先生站在了反方，承认连锁店对国家利大于弊。为了赢得这场辩论，他压下对那家公司的不满之情，直接去了那家连锁店的经理办公室。"这次我不是来要求您买我的煤，而是向您求助的。"他告诉经理他参加了这样一场辩论赛，"我之所以来麻烦您，是因为我实在不知道除了您之外还有谁能为我提供我想要了解的信息。对这场辩论赛的胜利我势在必得，如果您能帮我的话，我一定会铭记在心，并为此非常感激您。"

结果如何呢？克纳夫先生本人是这样讲的：

我对那位经理说我只占用他一分钟时间，那位经理才肯见我。在我将我的意思表述完后，他却让我坐下，和我聊了1小时47分钟。不但如此，他还将一位主管叫来跟我谈，这位高管曾经写过一本有关连锁店的书。他又给全国连锁店协会写信，替我搜集了有助于辩论的资料。他认为连锁店经营是真正的服务于民的模式，同时对他为几百个社区所做的服务而感到骄傲和自豪。在聊到这些的时候，他的眼睛里不时闪耀着坚定和热忱的光芒。这让我清楚地感觉到，他开阔了我的视野和认知，让我洞察到一些我之前根本都没想过的问题。一句话，他让我的思想和态度发生了根本的改变。

我告辞的时候，在门口，他拍拍我的肩膀祝我顺利，还邀请我下次再来和他聊聊天，告诉他我辩论的成绩。最后他对我说："明年春天的时候请务必过来，我想通过您从贵公司订一些煤。"

在我看来，这真是件不可思议的事。要知道，在过去的10年里，我费尽心机让他从我这里买煤，可是一无所获；可是现在都没用我推销，他就主动要在我这儿买煤。在我真正对他面临的问题给予关注和感兴趣的时候，反而取得了意想不到的奇迹。

实际上，早在耶稣诞生数百年前，就已经有人提出了克纳夫先生发现的这一真理，这个人是著名的罗马诗人普珀里琉斯·西鲁斯。他是这样说的："只有当我们关注他人的时候，他才会关注我们。"

如同其他处理人际关系的准则一样，一定要发自肺腑地关心他人。这样做的好处是可以带来双赢：一是可以为关注他人的人带来好处，二是对被关注的人也很有好处，双方均可受益。

马丁·金斯堡是我的一位学员。他在课上与我们分享了一位十分关心他的护士是怎样深刻影响他的人生的：

我10岁那年的感恩节是在一家市立医院的福利病房里的病床上度过的，第二天就要做手术了，我清楚地知道手术后是长达几个月的康复期，在床上百无聊赖，还有极大的痛苦。我父亲离开了这个世界，我和母亲居住在一间小屋子里，依靠政府的救助生活。手术那天母亲不能来看我。

那天，我看着太阳慢慢隐没西山，感到越来越孤独、绝望、恐惧一股脑儿向我袭来。我知道家里只有母亲一人，此时她正担心着我的情况，身边连个与她说话的人也没有，更别说有人陪她一起吃饭，我猜想她或许连感恩节晚餐的钱都没有。

想到这里，我的眼泪止不住掉下来，我用枕头盖住头哭泣起来。虽然没有出声，却哭得很伤心，我的情绪极度悲痛。

就在这个时候，我的抽泣声被一个年轻的实习护士听到了，她走过来看我。我头上的枕头被她拿开了，她帮我拭去我脸上的泪水，然后告诉我她同我一样感到很孤独，因为她需要工作，无法和家人在一起。她问我晚上是否愿意和她一起吃晚饭。她带了满满两大托盘食物，有火鸡切片、土豆泥、树莓酱，还有当作甜点的冰激凌。她和我聊天，努力安抚我孤独惊恐的心。虽然她下班的时间是下午4点，但是为了陪我，她一直待到将近晚上11点才走。我们一起做游戏、说话，一直到我进入梦乡。

那是个特别的感恩节，此后，我度过了一个又一个感恩节，但每一次我都会想起那个让我印象深刻的感恩节，想起当时我的孤独、悲伤和惊恐，想起是那份来自陌生人的关心和温暖驱赶了我那些糟糕的情绪。

要是你希望被他人喜爱，希望建立真正的友谊，希望在帮助自己的同时也能有助于他人，那就一定要记住这个原则：对他人表示出你真诚的兴趣和关注。

如何建立美好的第一印象

纽约的一次晚宴上，一位继承了大笔遗产的女士闪亮登场。为了吸引参加宴会的客人的目光，引起他们的关注，她不惜花高价买了貂皮大衣、钻石和珍珠来打扮自己，可是她的脸上却是一副傲慢、尖酸刻薄的神气。她不了解一个很多人都知道的真理，即衣装打扮永远没有面部表情更重要。

查尔斯·施瓦布跟我讲，他的笑容价值100万美元。即使这样，他可能还是低估了这条真理的价值，因为他非凡成就的获得来自于他的人格魅力，而他人格魅力中最能打动人心的就是他极具魅力的笑容。

行动的力量胜于任何语言。笑容传达了你的内心："我很喜欢你，你的所作所为让我内心愉悦。我很高兴见到你。"这也是狗为什么招人喜欢的原因，因为它们看到我们便内心兴奋，围着我们又蹦又跳，这样我们自然也喜欢看到它们。

婴儿的笑容具有同样的魔力。

你是否有过在医院的候诊室排队等着看医生的经历？那个时候你是否观察过那些面色阴郁等候看医生的人们？他们焦躁不安地等着叫号。

史蒂芬·斯堡尔是一家动物医院的兽医，他说过这样一件事情：在一个天气晴朗的春日，带宠物接种疫苗的人挤满了他的候诊室。候诊室里很安静，因为没有一个人讲话，他们可能都在想在这大好的时光里却要坐在这里浪费时间，真是难受。他说："当时候诊室里大约有六七个人，其中一位男士明显已经很烦躁了。这时，一位年轻女士带着她9个月大的孩子和一只需要接种疫苗的小猫进来了。她碰巧坐在那位等得十分焦躁的男人身边。坐下后，女士怀里的婴儿抬头看了看那位先生，甜甜地笑了。那位先生发现了孩子可爱的笑容，他做了什么？对了，就像你我一样，他也对这个孩子展露笑颜。很快他就和这位女士聊起了她可爱的孩子，然后他又聊到了自己的孙辈。随即，整个候诊室的人都加入了这场谈话，刚才沉闷的气氛很快就被愉悦、轻松的气氛取代了。"

笑要发自内心，如果只是虚伪地笑，是否也会产生同样的效果呢？不，虚假的笑容是无法骗过任何人的。人们都知道不真诚的笑很机械，因而从内心不喜欢这种笑容。我现在讲的是真正的笑容，那种发自内心、能够温暖对方心房的笑容，这种笑容可以让你无往而不利。

詹姆斯·麦康诺是一名心理学家，在密歇根大学就职。对于笑容的作用，他这样说道："无论在管理工作、教学工作还是销售工作上，喜欢真诚微笑的人的工作效率总是更高，他们监管的孩子也更乐观、幸福。一个笑容要比蹙眉传递的信息多得多。反映在教学中，鼓励式教育总比惩罚更为有效。"

一位纽约大型购物中心的人事经理跟我说，他宁愿聘用一个虽没有高学历但笑容灿烂的售货员，也不愿意聘用一个整天闷闷不乐的博士。

微笑的力量是巨大的，而且这种力量经常处于"潜伏"状态，不会立刻显露出来。美国的电话公司曾推出过一个叫做"电话推销技巧"的培训项目，对那些电话销售人员进行培训。在这个项目中，学员被要求在打电话时保持微笑，因为"笑容"会通过声音传递给对方。

俄亥俄州辛辛那提一家公司IT部门主管罗伯特·克莱尔所属部门有一个职位长期空缺，最后他招到了一个合适的人才。我们来看看他是怎样做的：

我千方百计、想尽各种办法去招一个计算机专业的博士，最后我的目光定格在一个年轻人身上。他在普度大学进修，马上就要毕业了，履历十分符合我的要求。几番通话之后，我了解到除了接到我们公司的邀请外，他还接到了其他几家公司的加盟邀请，其中好几家公司比我们公司规模还大，实力更强。令我欣喜的是，他拒绝了其他公司而选择了我们。

在他正式入职后，我问他为什么拒绝了其他公司而选择了我们。他停顿片刻，然后说："我想是因为其他公司工作人员在与我通电话时语气冷淡而又例行公事，这使我觉得这仅仅是一次交易；而你的声音让我觉得你很愿意与我对话，你真心希望我能加入到你们中间。"毋庸置疑，我现在接电话时已经习惯于面带笑容。

美国一家著名橡胶公司的董事会主席曾跟我讲，据他观察，人们在自己感兴趣的领域做事才有机会成功。这位知名企业领袖对"努力工作是打开理想之门的唯一一把神奇钥匙"这句老话充满质疑。他说："在我认识的人中，有一部分人所以成功因为恰逢其时，他们赶上了做生意的好时机。后来，我发现当兴趣逐渐被繁琐的工作取代的时候，这些人就变了，他们的生意状况也变得糟糕起来。当他们在工作中再也找不到乐趣的时候，生意也就做到头了。"

要是你很想别人和你在一起时能心情愉快，那你自己首先要保持愉快的心情和别人相处。

我曾对几千位商界人士提出一个要求，那就是让他们每天每时每刻与人相处时都要保持微笑，坚持一周，然后在课堂上分享他们的成果。结果到底如何呢？我们可以验证一下。这是威廉·斯坦哈特写来的信，他是一名在纽约工作的股票经纪人。他的经历绝不是个例，不过是几百个案例中的典型案例。

"18年前我组建了家庭，"斯坦哈特先生写道，"在这18年里，我的妻子很少能看见我的笑脸；每天起床到出门上班这段时间里，我与她说过的话不过二十几个字。我就是百老汇街上那些面无表情的上班族中的一个。

"当你建议我面带笑容讲述自己的经历后，我决定花一周时间来练习。于是第二天早上我一边梳头，一边看着镜子里那张闷闷不乐的脸对自己说：'你需要把这副苦闷的表情从脸上撤去了，换上一副笑脸，而且需要马上行动起来。'在我坐下享受早餐的时候，我满脸笑容地问候我妻子：'早上好，亲爱的。'

"你曾跟我讲她可能会因此吃惊的，还真的是这样，而且更夸张，她确实显出吃惊的样子。我跟她讲以后每天早上我都会问候她的，事实上，我也确实坚持下去了。

"自从我每天早晨都笑着向她问好以来，两个月来我们家充满了欢声笑语，这两个月内的欢乐比去年一整年都要多。

"上班途中，我微笑着问候公寓的电梯操作员，也笑着与门卫师傅打招呼。在地铁站买票的时候，我对帮我兑换零钱的收银员微笑致意。在我进入股票交易所的时候，我对那些从来没有见过我笑脸的人报以微笑。

"很快，我就发现我的微笑换来了每个人对我的微笑。对那些牢骚满腹来找我抱怨和诉苦的人，我微笑着接待他们，倾听他们的怨言。在这个过程中，我发现问题不像以前那么难以解决了。另外，我发现笑容可以为我带来额外收入，每天都有不菲的收益。

"我和另一个经纪人在一起办公，他有一个很招人喜欢的小伙子助理。我对微笑带来的效果满心欢喜，于是前段时间给这个小伙子分享了我新学到的做人哲学。然后他告诉我，刚开始和我共用一个办公室的时候，他觉得我有些冷酷，让人无法靠近；直到最近他改变了对我的看法，他说我笑的时候富有亲切感。

"在学会微笑待人的时候，我也从我的字典里删除了批评一类的字眼，而代以欣赏和表扬。对自己的想法我不再提及，而是试着去发现别人的想法。这些事情让我的生活根本改观了。现在的我与之前的我完全两样，我变得更快乐、更充实了，拥有很多朋友并富有成就感，这些才是我现在最为在意的事情。"

要是你不习惯微笑，那该如何做呢？可试用两个办法：一是命令自己展露微笑；二是假如独自一人的话，就强迫自己吹口哨，或是哼一段歌曲，就好像自己已经很开心了一样。这些行为会帮助你变得开心起来。心理学家、哲学家威廉·詹姆斯对这一现象给出了如下的说法：

"表面看来，感觉先于行为，可是实际上行动和感觉其实是同步的。行动更多地受意志控制，但是感觉不受意志控制。我们可以通过调整行为来间接控制我们的感觉。

"所以，要是我们不再快乐了，制造快乐的最好办法就是开心地做事，开心地说话，就好像我们已经很快乐了一样……"

世界上的每个人都在努力将幸福抓到手，而将幸福抓到手的方式只有一种，那就是控制自己的想法。幸福取决于内心想法而非外部条件。

你快乐还是不快乐，并不取决于你拥有什么、你是谁、你在哪里或者你正在干什么，而取决于你内心对幸福的感悟。举例来说，两个经济实力、名声都相仿的人在同一个地方做同样的事情，可是两人中或许只有一个人是幸福的，而另一个可能会认为自己是不幸的。这是为什么呢？这是他们对待生活的不同态度所导致的。有许多贫苦的农民在热带地区辛苦劳动，使用着极其简陋的工具，生活异常困苦，可是他们的脸上写着满满的幸福；而在纽约、芝加哥和洛杉矶高档写字楼里工作的人每天吹着空调，可是他们脸上幸福的表情并不比那些热带农民脸上的笑容多。

大戏剧家莎士比亚说："世上之事原本就没有好和坏的区分，是人们的想法将它们区分了。"

林肯说过这样一句话："绝大多数人想要变得多快乐就能变得多快乐，他们的快乐取决于自己。"他说得完全正确。我曾经见过一个十分生动的例子，那时我在纽约的长岛火车站正沿着楼梯向上走，看见三四十个拄着拐杖的跛足男孩在我的正前方艰难而缓慢地爬楼梯，其中有个男孩需要别人的帮助才能迈上台阶。他们欢笑着，我受他们的欢笑声感染，和他们的管理人聊起这些孩子的乐观精神。那个管理人说："事情就是这样，当一个男孩发现他一辈子都无法像正常人一样时，最开始他会震惊。不过在接受了这个事实之后，他就会接受命运的安排，下决心要像正常孩子一样快乐地生活下去。"

我认为我有必要向这群孩子脱帽致敬。他们给我上了一课，令我终生难以忘怀。

独自在公司的封闭式办公室里工作，不仅很孤独，而且还失去了与公司其他员工交朋友的机会，塞克拉·玛利亚就处于这样的境况，她来自墨西哥。听到公司其他同事的聊天声和笑声，她不免羡慕起同事们亲密的关系。在刚开始进入公司后的前几周里，每次在走廊里与这些同事面对面走过时，她都会因羞涩而把目光投向其他地方。

这样的状况持续了几星期之后，她对自己说："玛利亚，你不要奢望这些女同事会主动找你来聊天，你需要走到她们身边。"于是下一次去茶水间的时候，她就带着真诚的微笑问候每一位同事："嗨，你今天过得开心吧？"效果马上突显出来。同事纷纷对她回报以微笑和问候，走廊里顿时充满了欢声笑语，气氛也随之友善起来。

有了良好的开始，成功就会随之而来。熟悉之后，她和几位同事变成了知心好友，她的工作和生活都因此变得更加充满生机。

埃尔伯特·哈伯德先生是美国著名散文家、出版商，他在这方面有很深的心得，现在让我们来仔细品味一下他心得的精髓。不过烦请记住，只有你真正地把这些话应用到实际中去，要不然只说不做是没有任何效果的：

> 每次你走出家门的时候，要抬头挺胸，将你的下颚微收，显出谦恭的样子，让空气充满肺腑；要迎着今天灿烂的阳光，微笑着与你的朋友打招呼，真诚地同他人握手。不要担心被人误解，也不要把时间浪费在对手身上。试着一直想自己要做的事情，然后定好前进的方向，坚定地大步向前。当你让你的脑海里一直充满你想做的那些美妙的事情，你就会发现，你的那些梦想随着岁月的流逝，在不经意间有了实现的机会，就像珊瑚虫那样，总能在潮水一涨一落的间隙找到自己想要的东西。

> 请在脑海中勾勒出自己理想中的形象，坚定不移的想法有助于你一点一点成长为自己理想中的样子。想法的力量是无穷大的。要端正思想态度，要有勇气、真诚、快乐，因为正确的想法是创造力的来源。愿望是一切事物的源泉，不过只有最虔诚的信徒才会让上帝青睐于他。

> 当我们笃定我们信念的时候，距离青睐就越来越近了。下颚微收，谦恭有礼，昂起头，我们就是主宰自己命运的神。

古代的中国人富有智慧，他们在处世方面体现出了非凡的智慧。中国有一句古语讲得非常有道理：人无笑脸莫开店。这句话每个人都有必要记在心里。

你内心的善意会通过你的微笑传递出去。所有看到你微笑的人都将受你微笑的感染。你的笑容对于那些满腹惆怅、眉头紧锁的人来说，就如同冲破云层的太阳一样令他们感到温暖。尤其是当他们正处于老板、客户、老师、家庭的重重压力之下时，一个真诚的笑容可以让他们看到努力的曙光，让他们了解到世界上还是有快乐的。

纽约一个百货公司的领导层意识到，在圣诞节期间店内销售人员都面临着重大的挑战，于是，他们在很多广告中向读者传达了这样一种朴素的哲学：

微笑的意义

它不索取一文，却价值连城。它丰富了接受者，却没有让施予者有任何损失。它发生于一瞬间，却往往让人铭记终生。即使再富有，生活中也要拥有它；即使再贫穷，生活中也不能缺少它。家的幸福靠它来营造；工作的善意靠它来获取；朋友间的友谊通过它得到体现。它是缓解疲劳的法宝，失意者的曙光，悲伤者的希望，烦心事的天然解药。可是，无论是购买、乞讨，还是赊借、偷盗都无法拥有它，因为在它被赠予他人之前，无论对谁都没有任何实际的益处。在圣诞佳节购物狂潮的时候，要是我们的销售人员疲惫得无法对您微笑，那么请展露您的微笑。因为没有人比他们更需要您的微笑了，他们所有的微笑都已经奉献给了您，毫无保留！

记住对方的名字

纽约洛克兰郡1898年发生了这样一个悲剧：寒风瑟瑟里的一天，农民法雷去马厩牵马。由于气温很低，天寒地冻，马好久没有出来运动了，因此十分兴奋；饮水的时候，它一时兴起乱蹦乱踢，高抬起的后腿狠狠踢到了法雷，这个小村庄由此又多举办了一场葬礼。

法雷悲惨地离开了这个世界，他的儿子吉姆·法雷那时候只有10岁。由于家里经济紧张，小吉姆不得不离开学校，到一家砖厂去工作，负责运送沙子。吉姆天生待人亲和，人们都愿意与他交往。成年后，他走上了从政的道路。随着阅历的增长，他逐渐掌握了一种神奇的能力，那就是记住他人名字的能力。

他没有机会进入学校深造，但在他46岁之前，有4所大学为他颁发了学位。他还担任了民主党全国委员会主席，同时兼任当时的美国邮政局长。

我曾采访过吉姆·法雷并问询他成功的秘诀。他说："勤奋工作。"我郑重地说："我没有在与您开玩笑，我很郑重地问这个问题呢。"

于是他反问我是什么原因让他取得了成功。我答道："我认为是由于您能叫得出10000个人的名字。"

"不，你说得不对。"他说，"我至少能叫出50000个人的名字。"

这件事完全无误。1932年，正是依靠这种能力，他最终协助富兰克林·罗斯福当上美国总统。

吉姆·法雷有一段时间在一家石膏厂做销售工作，还在斯托尼波恩特出任镇长。牢记他人的名字就是在那些年里练成的。

这项工作刚开始很容易。每当吉姆结识某个人后，他就会将那个人的基本情况记下来，比如他（她）的全名、家庭情况、工作状况和政治观点。他将这些基本信息都放进自己的脑海里记牢，这样等到有机会再看见这个人的时候，即使一年过去了，他还是能和这个人亲切地握手，并聊起他的家人，还能问他家后院的蜀葵长势如何。这就是有那么多人喜欢他的原因！

罗斯福竞选总统开始前的几个月里，每一天吉姆·法雷都要写几百封信给西部和西北部各州的选民。此外，他还搭乘火车在19天的时间里走遍了20个州，行程长达12000英里。在某一个小镇，他也许会突然下车和当地的选民聊聊天、吃吃饭，接下来便又急匆匆地启程赶往下一段旅程。

返回东部之后，吉姆不停歇地开始给他到过的每个小镇中的某个人写信，信中恳求那个人帮忙写一份他在那里接触过的所有人的名单。最终汇总的名单上的名字有上万，吉姆会给这份名单上的每一个人写私人信件。这些信件以"亲爱的比尔"或是"亲爱的简"开头，不过落款无一例外都是"吉姆"。

在很久以前吉姆·法雷就发现，普通人总是对自己名字的兴趣超过对其他人名字的兴趣。要是你能将这些名字牢牢记住，并且清楚准确地称呼他们，就是对他们的一种很微妙且有效的恭维。不过假如你忘记了这些名字或是拼错了，无疑会让自己陷于一种尴尬的境地。举例来说，我以前曾在巴黎举办过一场公共演讲。法国的打字员对英文名字的拼写很不在行，他们拼错了一些人的名字。我收到了一封来自美国银行巴黎分行的一位主管的投诉信，在投诉信中，他就我们将他的名字拼错一事对我们进行了责备。

对于那些拗口的名字，记起来确实不太容易，因此许多人都不愿意去记这样的名字，而是直接用比较容易记住的昵称叫他们。席德·利维准备拜访一位叫尼希米·帕帕罗斯的顾客。他事先了解到，为了省事，多数人直接称那位顾客为"尼克"。席德这样讲："打电话之前，我先练习了许多遍如何读他的全名，然后才给他打电话。打电话时我是用他的全名开始的，我说'早上好，尼希米·帕帕罗斯先生'。他好像受了极大的震动，因为好一会儿他都没回应我的问候。最后，他以充满感动的声音说：'利维先生，我在这个国家生活已经15年了。在这15年里，从来没有人愿意费事将我的全名叫出来，真的，从来都没有。'"

几乎所有人都知道安德鲁·卡内基的大名，可是你知道他成功的原因又是什么吗？

他是有名的"钢铁大王"，可是他并不是有多了解炼钢知识，他只是将那些很懂得炼钢知识的人雇来为他工作而已。

他懂得怎样让这些人高效为他工作，这才是他成功的关键。在他还是个孩子的时候，他就展现出管理天赋，显现出领导的风范。10岁的时候，他忽然意识到人们对自己名字格外重视。他利用这个意识赢得了与人合作的机会。有这样一件事：在他还在苏格兰生活的时候，有一次他抓到了一只母兔。很快，母兔生育了一窝小兔，可是卡内基却没有东西喂养它们。不过他很快就想出了一个绝妙的主意。他跟邻居家的孩子们说，假如谁带来喂养这些兔子的苜蓿和蒲公英，那么这些小兔就用谁的名字命名。

这个方法很快见到了效果，这给卡内基本人留下了深刻的印象。

若干年后，他利用了同样的心理战术，取得了生意上的巨大成功，举例来说，他想让宾夕法尼亚铁路公司买下他的铁轨。那时，埃德加·汤姆森是宾夕法尼亚铁路公司的董事长，安德鲁·卡内基在匹兹堡建了一座大型钢铁厂，并给钢铁厂取名为"埃德加·汤姆森钢铁工厂"。

现在我考你一道题，看你能不能猜中答案。当宾夕法尼亚铁路公司需要购进铁轨的时候，你认为埃德加·汤姆森会选择与谁合作呢？是与知名的零售公司西尔斯-罗巴克合作吗？不，不，如果你那样想就完全错了。他选择了和"埃德加·汤姆森钢铁工厂"合作。

在和火车卧铺车厢的发明人乔治·普尔曼竞争铁路卧车车厢业务的时候，童年时给兔子命名的事情再一次给了卡内基以重要启发。

那个时候，安德鲁·卡内基的中央运输公司正在与普尔曼的公司竞争联合太平洋铁路公司的卧铺车厢业务。为压住对方，两家公司采取了降价措施，导致利润损失极大。这种情况下，卡内基和普尔曼一起到纽约去和联合太平洋铁路公司的董事们商谈，争取将这项业务揽到自己公司。这天晚上，卡内基和普尔曼在圣尼古拉斯酒店相遇了。卡内基说："晚上好，普尔曼先生。我们两个人真是愚蠢到家啊。"

"此话何意？"普尔曼问道。

随即卡内基将自己的想法说了出来，他的意思是将这两家公司合并，共谋发展。他对普尔曼描述了两家的共同利益，同时一再强调说假如两人不再敌对，而是合并一起干，那么前途无量。普尔曼听得很认真，可是并没有完全认同。最后，普尔曼问道："能告诉我这个新公司叫什么名字吗？"卡内基马上答道："我想它应该叫普尔曼豪华卧车公司。"

普尔曼立刻精神一振，说道："请到我房间来，我们商量一下细节问题。"后来，这场谈话让这场合作写进了美国工业史。

安德鲁·卡内基伟大领导力的秘诀之一就是记住朋友和工作伙伴的名字，然后礼遇他们。他一直以自己能够准确称呼许多下属员工的名字而自豪。据说在他本人当工厂的领导人时，从未有一次因员工罢工而被迫停工的事情。

本顿·洛夫是得克萨斯商业股份有限公司的主席,在他看来,人情味儿会随着公司规模的扩大而变弱。他说:"领导者记住下属的名字是公司里体现人情味儿的重要举措。如果一位主管跟我讲,他记不住下属的名字,那么在我看来就相当于他也同样记不住工作中的重要问题,这样他的职位很快就会形同虚设。"

凯伦·希尔什是环球航空公司的一名空姐,来自加利福尼亚派洛斯福德牧场。在工作中,她可以将很多乘客的名字都记在心里,在为他们提供服务时,她就称呼他们的名字,由此她受到了那些乘客的热情回应。有一位乘客这样写道:"我有一段时间没坐环球航空公司的飞机了,不过从今以后,我不会成为其他航空公司的客户了。你的行为让我感觉你们的航班已经成了我的私人航班,我非常喜欢这种感觉。"

对自己的名字,人们一直抱着引以为豪的态度,他们会千方百计让自己的名字流传下去。即使经历过大风大浪的著名演员巴纳姆都因其子女无人愿意沿用自己的名字而伤心难过,也因此许下承诺,要是孙子西利愿意改名为"巴纳姆·西利",那他就会给孙子25000美元。

若干年来,那些贵族和大资本家愿意把钱投给那些知名艺术家、音乐家和作家,目的之一就是为了让他们同意在自己的作品上注明"谨以本作品献给某某"的字样。

那些无法接受自己的名字被历史湮没的人向大图书馆和博物馆中捐赠了价值高昂的藏品。纽约公共图书馆收藏了阿斯特和雷诺克斯的藏品。本杰明·奥特曼和摩根给大都会博物馆捐赠了藏品,他们的名字得以流传下去。基于同样的道理,几乎每一座教堂都会用彩色玻璃做装饰,并在玻璃上喷绘教堂捐赠者的名字。通常情况下,许多大学校园的建筑也会以曾为学校做出杰出贡献或给学校捐很多钱的人命名。

实际上，很多人之所以记不住他人的名字，原因很简单，因为他们没有花费必要的时间和精力去关注和重复这些名字，因此没有把它们牢牢记在心里。他们总是以自己太忙了为借口。

可是，这些人有哪一个会比富兰克林·罗斯福还要忙？而就算是偶尔遇见的机械工人，罗斯福也会将他们的名字记在心里。

我们都知道，罗斯福总统走路有些不便。克莱斯勒汽车公司曾专门为他设计了一款车。制造完成后，张伯伦和一位机械师两人将这部车送到了白宫。我这里有一封张伯伦先生的信，在信中，张伯伦这样写道："我指导罗斯福总统怎样去操纵这辆由好多新奇小机件组装的车，而他也教会了我很多与人打交道的方法。"

他还写道："当我来到白宫的时候，看见总统先生精神劲儿十足，满脸笑容。他直呼我的名字，让我心里十分舒坦。令我更加感触颇深的是，他对我告诉他的所有事情都显得兴致勃勃。一群人围过来参观这辆车的时候，总统先生说：'我认为这辆车真是美妙绝伦！我只需要轻轻按下一个按钮，它就可以带着我走了，十分轻松，这让我觉得它十分神奇。我不清楚你们是如何设计制造的，我一定找时间把它拆了，好好研究一下里面的结构。'

"当总统的朋友和工作人员给予这部车高度认可的时候，总统当着他们的面对我说：'张伯伦先生，真心感谢你们为我设计出这样一辆车，你们为此花费的时间和付出的努力让我感动。你们真是棒极了！'总统先生对车里的暖气、特制的后视镜和钟表十分感兴趣，对特制的车灯、坐垫的样式以及驾驶椅的高度都十分欣赏；对我们把他的姓名首字母缩写印在后备厢中的每一个特制手提箱上，他表示了高度赞赏。可以说，他对车中的每一个细节都给予了必要的关注，而这些细节都是我思考良久设计的成果。总统先生还把这些小设计给罗斯福夫人看，给劳工部长帕金斯看，也让他的秘书欣赏，他甚至对白宫的门卫说：'乔治，好好把这些手提箱看管好。'

"在总统先生试驾结束后，他转过身看着我说：'张伯伦先生，我已经让联邦储备委员会的先生们等候30分钟了，现在我必须要去见他们了。'

"我已经说过，我是和一名机械师两个人一起去的白宫。见到总统时，我介绍了他们两人认识，可是他并没和总统先生说上话，总统先生也只听过一次他的名字。那位机械师很腼腆，见人的时候喜欢躲在人群后面。可是总统先生在离开之前找到这位机械师，紧握他的手，叫着他的名字，对他能来华盛顿表示谢意。从总统的话中，我能清楚地感觉到真诚，没有一丝虚伪；他内心怎么想，嘴上就怎么说。

"返回纽约几天之后，总统先生给我寄来了一封字数不多的感谢信和他的亲笔签名照片。在信中，他表达了对我们的感激之情。他如何能在日理万机中抽出时间做这些事情还真是让我想了又想。"

怎样赢得他人好感？富兰克林·罗斯福给我们做了表率。他的方法既简单又明确，同时又十分重要，即记住他人的名字，让他人感受到自己的重要性。可是，我们中又有多少人可以做到这一点呢？

很多时候，我们与陌生人初次见面时通常只闲聊几分钟，结果到最后分开时也没有记住对方的名字。

有一句话最需要政治家们记住，这句话就是："政治家的才略之一就是记得每一个选民的名字，忘记他们的名字就会让自己的才能被湮没。"

无论在商务交往还是在社会交往中，将他人名字记住同样重要。

拿破仑三世曾经说过，自己除了处理繁多的国家事务外，还能记住自己见过的所有人的名字。

这其中有什么方法吗？非常简单。假如没有听清楚对方的名字，他会说道："真的很不好意思，我没有听清楚你的名字。"假如这个名字并不常见，他会说："你可以拼写一下吗？"

在谈话的过程中，他会一遍又一遍地不断地重复着这个名字，而且还努力在脑海中将这个名字和这个人的表情、特质或者是长相联系在一起。

假如交谈的对象是一个很重要的人物，拿破仑三世就会更加努力地去把他的名字记住。只要有时间，他就会在一张纸上把这些人的名字写出来，集中注意力把这些名字记住，之后再将这张纸撕掉。这样，再次听到或者看到这个名字的时候，他就会马上想到对应的那个人了。

所有这一切都是需要花费时间的。爱默生说得很有道理："好的习惯都是从一些琐碎的牺牲练就而成的。"

记住以及使用他人的名字不但对王室和公司高层人员极其重要，对于我们每个人也是至关重要的。肯·诺丁汉是印度通用汽车公司的一名普通的工作人员，他一般都会在公司的食堂吃午饭。他发现在柜台后面站着的女服务员常常眉头紧锁。"她一直在不停地工作，已经做了两个小时三明治。在她眼里，我只不过是一个顾客而已。我跟她讲我需要什么，她给我称了一片火腿，夹了一片生菜和一些土豆条，然后就把三明治递给了我。"

"第二天我去吃午饭，又一次发现了这个女服务员，她还是一副惆怅的样子。这一次我有了新收获，那就是我看到了她的胸卡。我对她笑了笑说：'你好，尤尼斯。'之后我把想吃的东西告诉她。结果她给我拿了好几根火腿，称都没称，还有三片生菜和一盘子的土豆条。"

我们要有这样一个认识，那就是每个人对自己的名字都拥有绝对所有权，无论是谁都不能侵犯和剥夺。名字是一个人自我意识的体现，是这个人和他人区别的标志。在直呼一个人的名字时，这个人就会对名字后面的信息十分关注和在意。无论是餐厅侍者，还是高级主管，都是如此。在与人打交道的过程中，每个人的名字都会产生令人吃惊的影响。

领会倾听的艺术

不久前，我应邀参加了一次桥牌聚会，虽然我对桥牌谈不上有多喜欢。聚会上另一位女士也不玩桥牌，碰巧的是她认识我，因为我之前被聘为演说家兼作家劳威尔·托马斯的经理，也曾几次到欧洲帮他处理他欧洲旅行演讲前的各项准备工作。这位女士对我说："你好，卡耐基先生，我很想让您给我讲讲您曾经去过的那些地方，以及那里迷人的风光。"

我们找了个沙发坐了下来，她跟我讲她和她的丈夫从非洲刚旅行回来。"非洲！"我显得很兴奋，"一定是趟开心之旅！我一直想去非洲看看，可遗憾的是我只在阿尔及尔待了24个小时，其他地方的风光都没有领略过。您真是太幸福了！我真羡慕您。您给我说一说您的非洲之旅吧。"

她一口气讲了45分钟，而再也没有问我去过哪些地方，看过什么迷人风景。实际上，她并不想听我说我的故事，她需要我听她讲她去过的地方，以及见过的风景，这样她就能找到更好的自我感觉。

像她这样的人是不是很多？是的，她是很多人的代表。

有这样一件事：我在纽约的图书出版商举办的晚宴上结识了一位植物学家。在这之前我与植物学家没有任何交集，我觉得他的知识十分渊博，令我着迷。他和我谈起异域植物，又介绍自己培养的植物新品种，他给我讲的有关马铃薯的事情让我感到震惊。毫不夸张地说，那个时候我真是迫不及待地想要了解他所有的见识。我就自己的室内小花园向他咨询了一些问题，他非常专业地解答了我提出的所有问题。

参加晚宴的有很多其他客人，可是我却顾不得那么多礼节，没有去和其他客人打招呼，而是与这位知识渊博的植物学家畅聊了几个小时。直到夜深，我向所有人道了晚安后离开了那里。后来得知，这位植物学家在我离开后与主人聊天时给予了我高度评价，说与我聊天"很有启发性"，最后他说我是个"很有趣很健谈的人"。

很健谈的人？这从何说起呢？那天晚上我只说了很少几句话。要是想说的话，我不可能就一个话题让他说那么长时间的，因为我对植物学可以说毫无所知。可我是这样做的：我十分认真地听他讲。我之所以这样做是因为我真的对植物学感兴趣，而他也明显了解到了这一点。显然，我的这种行为让他很高兴。

这种倾听的方式是我们对说话人所能给予的最高肯定。20世纪三四十年代美国著名非小说题材作家杰克·伍德福德在自己的作品《爱上陌生人》中这样写道："极少有人对由衷的赞美有抵抗力。"我认为我做得比这还要好，我总是"发自肺腑地赞美他人，而绝不吝惜赞美之词"。

我跟那位植物学家讲这次谈话让我心情愉快，而且受益匪浅。事实上也真的如此。我还对他说我希望能更多地增长这方面的知识，我也这样做了。我又跟他说希望和他一起在田野里漫步，我们也确实这样做了。我对他说我们一定要再见面，这也是事实。

正是因为如此，他认为我是个很健谈的人；可是事实上我只是个倾听者，我只做了一件事，那就是鼓励他讲下去而已。

你知道成功面试的秘诀是什么吗？哈佛大学前任校长查尔斯·艾略特曾这样说："商务往来并没有绝对的制胜之道。可是在交流中全神贯注地倾听对方谈话很关键，它是最好的恭维方式。"

艾略特本人就善于这方面的艺术。美国最伟大的小说家亨利·詹姆斯曾这样说过："艾略特博士在他人说话时，总是面对说话者认真倾听，一言不发，上身笔挺地坐着，双手交叉放在腿上，大拇指有时轻轻晃动，此外再无其他动作。他用心在倾听，积极思考对方所说的每句话。每次谈话结束之后，与他谈过话的人总认为自己已经畅所欲言了。"

这个道理很容易被人觉察到，难道不是吗？这个道理不需要你进入哈佛大学学习4年也完全可以知晓。可是却偏偏有这样的事情：那些百货商店的主人拿出一大笔钱租下一个店面，购进经济实惠的货物，再把店面装修得富丽堂皇，此外还要花上几千美元来为店铺做宣传；可是他们却经常招聘一些不懂得倾听的店员，那些店员会很随意地打断顾客的话，反驳顾客的观点，几乎就快要把顾客们从店里赶出去了。显然他们的这些行为经常惹得顾客大动肝火。

有这样一件事：一个店员由于不懂得倾听的艺术，差点让芝加哥一个大型百货商店失去一位老顾客。亨利埃塔·道格拉斯太太是我们在芝加哥培训课上的一员。她在那个百货商店买了一件打折的大衣，回家后她发现这件大衣衬里有一处破了，于是第二天她又回到百货商店，希望店员能给她换一件。可是店员不肯听她说，而是指着墙上的标志告诉她："你这件衣服是打折商品。打折商品是不给退换的。一旦买了，什么样就只能自己承担了。你还是回去想办法吧。"

"可是这属于残次品啊……"道格拉斯太太说道。

"那又怎么样呢？一样的。"店员打断了道格拉斯太太的话，"就是没办法退换。"

道格拉斯太太很郁闷，准备离开，发誓以后再也不来这里购物了。就在这个时候，商场经理走了过来和她打招呼。因为道格拉斯太太经常光顾这家店，在这里购物，两人彼此认识。道格拉斯太太跟经理讲述了刚刚发生的事情。

经理十分认真地倾听了道格拉斯太太的描述后检查了这件大衣，然后说："我们为了在季末清空库存，所以规定特价商品不能退换，可是这个规定并不适用于残次品，因此我们会为您修复或是换掉这件大衣的衬里；假如您愿意，您也可以选择退货。"

经理和店员对待客户的态度有着巨大区别！要是那位经理没有碰巧过来，没有认真倾听这位太太的倾诉，那么这家商店就失去一个老主顾了。

倾听在日常生活中也是有着非常大的影响的。住在纽约哈得孙河畔的米莉·埃斯波西托，当她的孩子和她说话的时候，她总是很认真地听。一天晚上，她的儿子罗伯特要求妈妈和自己一起坐在厨房里聊天。罗伯特说："妈妈，我想你是很爱我的。"

埃斯波西托太太内心受到触动，问道："我当然很爱你了，难道你不相信吗？"

罗伯特答道："我当然相信。每次我与你说话的时候，你都放下手里的事情，认真听我说，所以你很爱我。"

满肚子委屈和牢骚的人，也会在一个耐心的、充满同情心的听众面前平静下来。有这样一个例子：几年前，纽约电话公司被一个很麻烦的客户缠上了。这个客户对销售人员说了一些十分难听的话，还威胁要把电话线连根拔起。他还称电话公司给他的账单是伪造的，他拒绝付款。他给公共服务委员会写了很多封投诉信。同时，他还把这家电话公司告上了法庭。

电话公司最后派出公司最有经验的"麻烦解决者"去解决这次严重的纠纷。这位"麻烦解决者"见到客户后除了说"是的"外，一直倾听着这位牢骚满腹的客户滔滔不绝的抱怨，脸上充满了同情、理解的神情。

"那一次，他抱怨了将近3个小时，而我也倾听了将近3个小时。"这位"麻烦解决者"在一次课上讲道，"那次之后，我又找到他，继续倾听他的抱怨。我一共拜访了他4次。他创立了一个组织，他称这个组织为'电话用户利益保护组织'。第四次拜访结束之前，我被他允许加入这个组织，我现在还是这个组织的成员；而据我调查，这个组织的成员只有两个人，一个是他，另一个就是我。

"我倾听他的抱怨，接受了这几次拜访中他所提出的每个观点。像我这样的电话代表，他以前从未遇到过，他不再那么咄咄逼人。第一次拜访他的时候，我没有合适的机会向他表明自己的观点，第二次、第三次拜访的时候依然如此，但第四次拜访他的时候，我却完成了我的任务；让他把欠我们公司的电话费都付清了。此外，他还主动撤销了自己写给公共服务委员会的投诉信，这在他和所有电话公司的纠纷历史中尚属首次。"

显而易见，这位牢骚满腹的客户把自己臆想成公众利益的守护者，把自己的行为当作是对大众利益的保护。但在现实生活中，他想要的只不过是一种被重视的感觉。他的抱怨和吵闹就是为了达到这一目的，一旦在公司代表那里获得了被重视的感觉，那么他的委屈马上就烟消云散了。

德特默羊毛公司的创立者朱利安·德特默是世界最大的羊毛经销供应商。若干年前的一天早晨，一位顾客怒气冲冲闯进了他的办公室。

"这位顾客欠我们一些钱，"德特默先生解释道，"可是他说他没有欠，我们的信贷部门确认此事无误，所以坚持要他还款。他给我们的信贷部门写了几封信之后，直接来到了芝加哥，怒气冲冲地闯进我的办公室对我说，他不但不会还款，而且以后休想让他在德特默羊毛公司消费一美元。

"在他讲这些话的时候，我很想打断他，可是我随即意识到这不是个明智的做法，于是我让他痛痛快快地说下去。当他终于冷静下来可以听进去别人说话的时候，我很淡定地告诉他：'我非常感谢您来到芝加哥，并让我了解此事。对我来说这是件大事，因为如果我们的信贷部门怠慢了您，他们也有可能怠慢其他顾客，这样的话就是个大麻烦。您要相信我，我比您更想要了解这件事的真相。'

"这是他很不想要的结果。我感觉到了他的失望，因为他从很远的地方来到芝加哥是找我争吵的，可是我却反过来感谢他，没和他争论。我请他相信，他不用还这笔款项了，并且请他将这次不愉快的经历从他的脑海中清除掉。因为他是个很细心的人，而且只管理一个账户，而我们的员工要管理上千个账户，所以，我认为有可能是我们弄错了。

"我对他讲我十分理解他的想法，换位思考，假如我是他，也会毫不犹豫地采取他的做法。由于他以后不准备从我们公司购买羊毛了，所以我就为他推荐了其他几家羊毛公司。

"在这之前，他来芝加哥的时候，我们经常在一起吃午饭；那天我也邀请他与我一起吃午饭，他稍微思考了一下，然后答应了。没想到，在我们回来之后，他下了一份比以前数额更大的订单，然后心情平静地回去了。为了像我们一样公平处理这件事情，他回去查了一下他的账单，发现自己漏了那张账单。之后他给我们寄来了一张支票和一封信，信中，他跟我们诚恳道歉。

"不久之后，他的妻子给他生了个儿子，他将德特默作为儿子的教名。22年来，他始终都是我们的朋友和合作伙伴。"

若干年以前，一个家境贫寒的荷兰男孩给一家面包店擦窗户挣钱以补贴家用。除了打工赚钱外，每天他还要挎着篮子到街上去掏那些散落在下水道里的煤块，那些煤块是从运煤的马车上掉落下来的。这个男孩就是爱德华·波克。他虽然只受了6年教育，但最终却成为美国期刊史上最年轻有为的杂志编辑。他是如何取得成功的呢？说来话长，不过他起家的故事却十分简单——他就是通过本章中讲述的准则起家的。

13岁的波克离开了学校，进入西部联合电报公司当了一名勤杂工。可是，他一直没有放弃过再学习的念头。由于无法进入学校学习，所以他就开始自学。他节省下所有车费和午餐费，积攒起来买了一本美国传记大全。之后，他读了每个名人的生平故事，并给他们写信询问他们是如何度过童年的。他将自己当作一个倾听者，请这些名人将自己的经历讲给他听。他曾给詹姆斯·加菲尔德上将写信询问他年轻时是否在运河上做过纤夫。詹姆斯·加菲尔德上将当时正在竞选美国总统。上将给他回了信。他也给格兰特上将写过信，询问对方某一场战争的情况，格兰特给他画了一幅地图，并邀请这个14岁的男孩与他一起吃晚餐，还和他畅聊了一晚上。

就这样，没用多长时间，这个西部联合电报公司的小勤杂工就与美国很多知名人士有了长期的联系，爱默生、奥利弗·温德尔·霍姆斯、朗费罗、林肯夫人、路易莎·梅·奥尔科特、谢尔曼将军以及杰斐逊·戴维斯都与他建立了联系。他不仅与这些知名人士保持联系，还趁放假的时候跑去拜访他们并受到他们的热烈欢迎。这样的经历让他获取了强大的自信，让他有了掌控自己人生的豪迈精神。在这里，我再强调一遍，他所有这些成就都是通过本章中所阐述的准则实现的。

著名记者马可逊曾采访过几百位名人。他认为，许多人没有给他人留下很好的第一印象，主要原因就在于没有很好使用倾听的艺术。"他们在意的是自己接下来要说的话，由此不去关注别人在说什么。一些重要人士跟我讲过，相对于那些一讲起来就停不住的讲话者，他们更喜欢懂得倾听的人。可令人遗憾的是，这种品质似乎比其他任何一种品质都罕见。"

实际上，不仅仅是那些重要人士喜欢懂得倾听艺术的人，普通人也喜欢。正如同《读者文摘》里面所说："许多人给他们的医生打电话，很多时候是为了想把心里话讲出来。"

如何赢得他人的喜爱

在美国内战昏天暗地的岁月里，林肯给一位住在伊利诺伊州斯普林菲尔德的朋友写了一封信。信中林肯邀请老朋友到华盛顿来，说有些问题想和他探讨一下。

这位老朋友应邀前来，林肯与老朋友聊了几个小时，主要商量现在发布一份解放奴隶的声明是否明智。林肯跟他讲了所有支持者和反对者的主张，也给他读了讨论这个话题的信件和报纸文章——一些人反对他不解放奴隶，而另一些人又因他解放那些奴隶而谴责他。两个人畅谈了几个小时，之后林肯将那位老朋友送回伊利诺伊州。自始至终，林肯都没问过老朋友的意见。实际上，所谓的畅谈，只不过是林肯的自言自语，可是却让他的头脑越来越清晰。"在谈过之后，他明显精神振作起来。"这位老朋友说。可见，林肯并不需要他人的建议，他只是需要一个朋友，一个懂得他内心的倾听者，这会暂时缓解他的精神压力。无论是谁在麻烦缠身的时候，都可能想要这样的朋友。这也是那些被激怒的顾客所需要的。同样，也是那些心有怨言的员工和内心受到创伤的朋友所需要的。

在倾听的艺术方面，西格蒙德·弗洛伊德算得上是一位伟大的倾听者。一位曾见过弗洛伊德的人对他倾听时的姿态做出了如下描写："与他见面的情景一直深深留在我的脑海。我从来没有在其他人身上见过他拥有的这种品质，他的品质是真正的罕有。他的注意力让我吃惊，他的眼中没有丝毫'洞穿灵魂的目光'，只闪烁着温柔和善的光芒，声音温和充满磁性，极少做手势。虽然我当时有些语无伦次，可是他给予我的注意力以及对我所谈之事的尊重却丝毫没有削减。您难以想象那样的倾听对我来说有多重要。"

假如你希望别人躲着你，在背后议论你、嘲笑你甚至鄙视你，可以采取这样的妙法：不听任何人说话，自己说自己的。假如别人说话的时候你突然想到什么，一定要在他说完之前插上一句。

你认识不认识这样的人呢？很不幸，我就认识几位。让人感到震惊的是其中有人还身居要职。这样的人陶醉在自我之中不觉醒，甚至无法自拔，对自己的重要性的肯定无人可比。

那些始终只知道谈论自己的人心中只有自己。前哥伦比亚大学校长尼古拉斯·莫里·巴特勒博士曾经说："那些只为自己着想的人属于不能救赎之人，即使他们受教育程度很高，他们也都尚未开化。"

因此，假如你想成为出色的谈话者，首先就要做一个懂得倾听的人。关心他人并倾听他人，问他人愿意回答的问题，鼓励他们谈论自己的经历和成就。

请切记，和你谈话的人对自己、对自己想要的东西和所面对的问题，其兴趣要远超过对你和你所面对的问题。毫不夸张地说，对于某人来说，他的牙痛问题要比饿殍满地更重要。因此，下次与人开口说话前，一定要谨记这一点。

如何引起他人的兴趣

凡是见过西奥多·罗斯福的人都惊讶于他广博的知识。无论座上宾是牛仔还是驯马师，也无论是纽约政客还是外交官，罗斯福无一例外都可以和他们聊到一块儿。他是如何做到的呢？其实答案很简单。那就是每当有人要来拜访他的时候，他都会在前一天晚上提前了解对方感兴趣的话题。

和其他卓有成效的领导者一样，罗斯福知道通向人心的便捷办法就是谈论其最在乎的事情。

威廉·菲尔普斯是耶鲁大学文学教授、散文家，他在很小的时候就懂得了上述的道理。他的作品《人性》中这样写道："在我还是个8岁小孩的时候，一次周末在我姑妈家玩，正好姑妈家有一位中年男子来做客。他们聊了一会儿后，中年男子把注意力转移到了我的身上。当时我对船舶很痴迷，这位中年来客知道后便与我聊起这方面的话题，我很快就被他的谈话吸引，我们聊得非常愉快。在他走后，我兴奋地跟姑妈说这位来访者真是个见识广博的人！姑妈却告诉我，他是纽约的一名律师，对船舶没有什么兴趣。'可是他为什么一直谈论关于船舶的话题呢？'

"'只因为他是一位绅士啊。由于你对船舶很喜爱，为了让你开心，因此他就谈一下自己并不感兴趣的事物，这样可以让他更受人欢迎。'"

威廉·菲尔普斯最后总结道："我一直没有忘记过姑妈所说的这番话。"

在写这篇文章的时候，我面前恰好放着一封爱德华·基尔夫先生的来信。基尔夫先生从事童子军的工作。他写道："盛大的童子军大会即将举行，举办地点在欧洲，我需要人给那些孩子出路费。我把目光投向了美国一个大型公司的一位总裁。

"令人欣喜的是，就在去见这位总裁之前，我获知他刚签了一张百万美元的支票。在那张支票作废后，他就将支票裱了起来。

"在我走进他办公室后，首先做的事就是寻找那张支票。那可是100万美元的支票啊！我跟那位总裁讲我从来不知道有谁可以开出这么大数额的支票，还告诉他我会把这件事告诉那些孩子们。听后，他十分高兴地给我看那张支票。我连连称赞，问他能不能跟我讲讲是在什么情况下开出那张支票的。"

不知道你们意识到了吗，那个时候基尔夫先生并没谈论有关童子军的任何事，也没说将在欧洲举行的童子军大会，没谈任何他希望获得的东西，他只说了让对方感兴趣的东西。两人的对话是这样的：

"说了一会儿后，这位先生说：'哦，对了，你来见我所为何事？'然后我才将我的来意告诉他。"

基尔夫先生继续说道："让我感到惊讶的是，他不仅痛快地答应了我的请求，还为我提供了超出我要求的帮助。我的本意是请他帮忙出一个孩子到欧洲的路费，可是他却出了6人的资费。他给了我一张1000美元的信用证，让我们在欧洲玩上两个月。此外，他还给他各地分公司的经理写了几封介绍信，交代他们照顾好我们，而他本人将前往巴黎见我们，并陪着我们游览巴黎。从那个时候开始，他就一直帮那些贫困家庭的孩子找工作，直到今天他仍然一如既往地支持我们的工作。

"可是我很清楚，假如当时我没能找到他感兴趣的东西，那么也就不可能轻松地获得他的帮助。"

这在商业圈里应该算是有价值的技巧吧？不是如此吗？我们举一个关于亨利·迪韦尔诺瓦先生的例子。迪韦尔诺瓦先生在纽约一家糕点批发公司工作。4年来，为了将公司的面包卖给纽约一家大酒店，他每周都会去拜访这家酒店的经理，参加这位经理参加的所有社交活动，甚至还在这家酒店住了下来，但是他的这些努力都没有换来成功。

迪韦尔诺瓦先生说："深入学习了人际关系学后，我决定不再坚持旧方法。我要找到他的兴趣点，以此来唤起他的热情。

"通过调查，我发现他加入了一个名为'美国酒店迎宾员'的协会，而且凭着十足的干劲儿出任了该协会的会长，同时他还兼任着'国际迎宾员'协会的主席。无论这些组织在哪里集会，他都会到场，从不缺席。

"因此，当再一次和他会面的时候，我就开始与他聊有关这些组织的事情。正如我所料，我很快得到了他的回应，而且还非常热烈！他用了半个小时跟我聊关于迎宾员组织的情况，由于兴奋，他的声音有些颤抖。我知道参与这个协会的活动在他心里不仅仅是业余爱好，更是他人生的激情所在。在我跟他告辞、离开他的办公室之前，他已经推销给我一个会员资格。

"在我们谈话的整个过程中，我根本没有谈论有关面包的话题。可是过了几天，酒店服务员却通知我带着样品和价格表去见他们经理。

"'我不清楚你和我们经理聊了些什么，'那个服务员接待我时说，'不过你确实让他买账了。'

"琢磨一下吧，4年的时间里，为了与他做成生意，我费尽心思对他穷追猛打，可是劳而无功；假如我最终没有找到他的兴趣点和他想谈论的事情，可能现在我还在重复以前的事呢。"

爱德华·哈里曼先生来自马里兰州，他在退伍后将美丽的坎伯兰山谷作为自己的居所。遗憾的是，那时工作机会很少。为此他做了个小调查，最后发现当地很多公司都归一个企业家冯克豪瑟所有。哈里曼先生对冯克豪瑟白手起家的事情充满了好奇，可是他听说那些前往求职的人根本就见不到冯克豪瑟先生。哈里曼先生这样描述道：

"我曾经请教过很多人，得知冯克豪瑟先生的兴趣就只有挣更多的钱和追求更大的权力。他的女秘书态度非常强硬，总是把一些前来求职的人挡在门外，由此我就对这位秘书的兴趣和目标展开了研究，之后又在没有提前预约的情况下，突然去了她的办公室。她在冯克豪瑟先生身边工作差不多已经15个年头了。我对她说我要与冯克豪瑟先生当面交谈，可以让他获得经济以及政治上的成功。她看上去对我的提议比较感兴趣，当然，我也对她表示了赞扬，称赞她在冯克豪瑟先生的成功路上起到了关键性的作用。和她这样交流完之后，她立刻安排了我和冯克豪瑟先生见面。

"我来到了冯克豪瑟先生宽敞又气派的办公室，心想一定不要直接和他说求职的事情。他坐在一张大气、精致的写字台后面，大声问道：'年轻人，找我有什么事？'我说道：'冯克豪瑟先生，我觉得我应该能够为你带来赚钱的机会。'他立即站起来，示意我坐到铺着软垫的大椅子上面。我把我的想法向他陈述了一遍，也说明了我自身对于实现这些提议所能发挥的作用，还进一步向他说明了我的提议一定可以有效地促进他公司的发展以及个人成功。

"和我之前预料的一样，冯克豪瑟先生立即雇用了我。在这之后的20多年，我在他的企业中成长，他的企业也因为我而不断壮大。"

和对方一起谈论他的兴趣可以带来双赢。霍华德·赫齐格是员工沟通领域的领导，在工作中，他一直都奉行这项原则。有一些人问他这样做可以得到什么回报，赫齐格先生回答道，他从每一个人那里都会得到不一样的东西，他每次和别人进行交流，对拓展自己的人生都是百利而无一害的。

让别人觉得自己很重要

我在纽约市33大街与第八大道交界处的邮局排队，准备寄挂号信的时候，发觉有一个职员似乎感觉他现在的工作特别无聊：称量信封、发邮票、找零钱、发送回执，每天不停地重复着这些单调的工作。我暗暗对自己说："我不妨尝试一下让那个职员喜欢我。想要让他喜欢我，我肯定要对他说点他爱听的话，不能说我的事，只能说他的事。所以我便用心地观察，看他的身上是否有可以让我由衷欣赏的特质？在很多情况下，这个问题并不好回答，特别是和陌生人有关的时候。但是在今天这样的情况下，它变得不是那么难了，很快，我就在他的身上发现了使人欣赏的特质。"

所以，在他给我称信封重量的时候，我真诚地对他说："我真羡慕你的头发，如果我也有一头像你一样的头发该多好啊。"

他惊讶地抬起头，面带微笑地看着我说道："啊，现在不如从前好了。"他谦虚地说。我对他说，即使这满头的浓发可能失去了一点原始的光泽，但是发质仍然很好。他高兴地和我聊了几句，临走时，他对我说："其实，有很多人都羡慕我的头发。"

我敢保证，这位先生会开心一整天的。我还敢说，他晚上回家以后一定会把这件事情讲给他的妻子听，他也一定会去照镜子，并且会高兴地对自己说："我的头发真的是太美了。"

有一次，我在演讲中提起了这个故事，有一个人问我："你想从他那里得到些什么呢？"

我想从他那里得到什么呢？我从他那里又能得到什么呢？

如果一个人如此自私，自私到自己付出一点小小的善意和一句发自内心的赞美也要求什么回报的话，如果得不到什么的话就不会让别人感到幸福，也不会对他人说一句赞美的话；如果我们的灵魂如此狭隘，那么你一定会因为你的自私和狭隘遭遇失败。哦，对了，我确实希望从那位先生的身上得到点什么。我想要从他身上得到的是无价之宝，但是我已经得到了——我得到了付出而不求回报的心灵上的美好感受。这种美妙的感受会深深地留在我的脑海里，让我长久不能忘怀。

人类行为有一项十分重要的法则，如果我们始终都遵守这个法则的话，我们将永远都不会陷入麻烦和困境中，还会拥有更多的朋友，永远开心幸福。可是如果一旦触犯了这项法则，无尽的困难和麻烦就会落在我们的身上。这项法则就是：永远让他人觉得自己很重要。约翰·杜威曾经说："人性中最深的动力就是对重视的渴求"。威廉·詹姆斯也说过："人性的根源深处，非常渴望得到他人的认同和赞赏。"就像我曾经说过的，正是这种欲望把人类与动物区别开来，也正是因为这种欲望才衍生出人类的文明。

几千年以来，哲学家一直都在不断地研究人际关系中的规则，最后，一个极其重要的规则受到了世人的重视。这一规则并不新奇，在人类历史之初便存于世。2500年前，拜火教创始人索罗亚斯德就将它传授给了他的追随者。2400年前，孔子也曾在东方写下了这一准则。道教的始祖老子也把这一准则传授给了他的弟子。耶稣诞生500年前，佛祖就在恒河边讲道，传授这一准则。印度教的圣书传授这个准则比佛祖还要早1000年。1900年前，在犹大山地的石山中，耶稣又讲授了这个法则。这可能是世界上最重要的准则了，耶稣将其总结为一点，这条准则就是：你们希望别人怎么待你们，你们也要怎样待人。

你希望得到他人的认同，希望可以体现自身的价值所在，希望可以在自己的小世界里得到别人的重视，不想听那些廉价、虚伪的奉承话，迫切希望由衷的赞赏。你所期盼的这些，是所有人都希望得到的。

那么，我们就要遵从这一法则：己之所欲，先施于人。

我们需要怎样做？什么时候做？在什么地方做？答案是：无论什么时候，在什么地点，都要奉行这一准则。

威斯康星州欧克莱尔的戴维·史密斯在一次课堂上讲述了他的经历。他就是使用了这个准则，在音乐会遇到麻烦的时候成功地化解了尴尬。

"那天晚上的音乐会是在一座公园里面举行的。我发现有两位上了年纪的女士正在饮品站旁边站着，看上去她们的情绪很激动。可以看出，两位女士都认为自己是这个地方的负责人。我正站在那里思考应该怎么办的时候，基金会的一个成员正好过来。她和我握了握手，把一个钱柜递给我，对我接手管理这个饮品站表示感谢。接下来她把萝丝和简两个人介绍给我，让她们给我做助手，之后就匆匆离开了。

"我们三个人沉默了一会儿。我知道我手里的钱柜象征着权力，于是我把钱柜交给了萝丝，对她说我也许管理不好这些钱，如果她愿意接替我保管一下，一定会比我做的更好。然后我又建议简负责带两位年轻人工作，这两个人是组委会刚刚派到饮品站来工作的，我希望简来指点他们怎样操作那些饮料机。

"那天晚上我们大家相处得特别愉快：萝丝开心地计算款项，简负责指点这两位年轻人工作，而我也开心地欣赏着音乐会。"

实际上，你不用非要等到有一天自己做了驻法大使或成为小区里的露天宴会主席以后才运用这个法则。不妨现在就试一下，你每天都会创造奇迹。

比如说，如果你在餐厅点了一份炸薯条，服务员却端上来一盘土豆泥。出现这样的问题，我们可以对服务说："真的很不好意思，给您添麻烦了，我们更希望是炸薯条。"大多情况下她都会说："没问题！"然后会立即把土豆泥换成炸薯条，因为她感受到了我们对她的尊重。

"非常抱歉麻烦您""您可不可以受累帮我们……""可以请您……""您介意……""谢谢"这类短小的礼貌用语就好像是生活的润滑剂一样，也能体现出一个人所受到的良好的家庭教育。

我们再来列举一个例子，是一个关于霍尔·凯恩的例子，他写过的小说有《基督徒》《主教之子》《曼岛人》等。在20世纪早期，这些书在畅销书的领域名列前茅，读者超过百万。霍尔·凯恩是一个铁匠的儿子，他一生中只接受了短短8年的学校教育，但他却是那个时代最富有的作家。

霍尔·凯恩十分热爱十四行诗和民谣，他曾经把但丁、加百列、罗塞蒂写的全部诗歌都读了一遍，甚至还撰写了一篇文章称赞罗塞蒂的诗歌的艺术成就。他将这篇文章邮寄给罗塞蒂本人。罗塞蒂收到信后非常高兴，也许他会对自己说："对我的能力做出这样评价的人一定才华过人。"因此罗塞蒂便邀请了这个铁匠的儿子做他的私人助理。这对于霍尔·凯恩来说，就如同生命的转折点，因为他可以在这个岗位上遇到很多那个时代著名的文学艺术家，他们的建议和鼓励会让他受到很大启发，同时，他们的激励也会让他欣喜。于是他开始了一项可以使自己名扬世界的工作。

后来，霍尔·凯恩位于马恩岛的家成为世界各地游客的朝圣之地，每天都有来自各地络绎不绝的来访者。但是谁又会想过，倘若当年他没有给罗塞蒂写那封表达自己敬仰之情的信，他也许会继续贫困下去，无人认识。

这就是发自内心和由衷的赞美所产生的力量，力量之大如此惊人。

罗塞蒂觉得自己很重要，这一点并不奇怪。因为所有人都觉得自己很重要，而且非常的重要。如果他们的重要得到了别人的重视，那么，很多人的生活都会因此而改变。罗纳德·罗兰是我们的课程在加利福尼亚培训部的讲师，也是一名艺术与手工培训班的教师。他写信给我们，分享了他的初级手工班上一名叫克里斯的学员的故事：

克里斯是一个喜欢安静又有些害羞的男孩，他总是得不到应有的重视，所以特别缺乏自信。我教授的是高级班的课程，每个孩子都以进入这个班级为荣，这个班级已经成了一种地位和权力的象征。如果想进入这个班，学生首先应该争取到这个权利。这个周三，克里斯正在工作台前认真地工作。他的内心深处隐藏的激情我是能感受到的，所以我便问他是不是希望可以进入高级班学习。我真的无法用文字来形容当时克里斯脸上的表情，他强忍住泪水说："罗兰先生，您指的是谁？是我吗？我有那么优秀吗？"

"克里斯，你很优秀，你真的很棒。"

说完这句话之后，我就转身离开了，因为那个时候我已经忍不住眼泪了。那天放学的时候，我感觉到克里斯走出教室时似乎要比以往高了差不多两英寸。他用他那双湛蓝色的眼睛看着我，高兴地对我说："罗兰先生，谢谢您。"

克里斯让我懂得了一个永生难忘的道理——所有人都迫切地渴望得到他人的重视。为了使自己可以牢牢记住这条准则，我制作了一块牌子挂在教室的前面，牌子上面写着"你很重要"。这样大家就都能看到，这块牌子也可以时刻提醒我。每当我看到这块牌子，我都会告诉自己——每个学生都很重要。

每个人的心里都会觉得自己在某一方面要比你强，这是一个永远不变的真理。如果你想走进他们的内心深处，那么，你就要让他们知道你真的觉得他们很重要，打心底里觉得他们很重要。

爱默生曾经说过这样的话："在我的生命中所遇到的每个人在某个方面都要强过我，所以每个人的身上都有需要我学习的地方。"

但令人沮丧的是，你所给予他人的认同，通常都会使他人变得更加得意和自负，就如同莎士比亚说的那样："……人啊，骄傲的人啊／一旦拥有了一点小小的权利／……／在上天的面前耍起了花样／就连天使都会为之哭泣。"

接下来，我们来看一下那些商界人士都是如何运用这些原则来创造成就的，他们又获得了怎样的效果。讲一个康涅狄格州律师的例子。

参加课程之后，这位律师开车载他的太太到长岛去拜访一些亲属。妻子让他留下来陪她的老姑妈聊天，自己出去拜访一些比较年轻的亲属。律师想到他不久就要在课堂上做一个演讲，还要给大家讲述自己是怎样运用赞美这一准则的，于是他认为与这样一位上了年纪的女士聊天，一定会让自己有所收获的，因此他环顾四周，在这座房子里找寻可以让他真心赞美的地方。

"您这座房子应该是1890年左右修建的吧？"他问。

"没错，"她答道，"这就是1890年所建。"

"看到它，我想起了我出生时的那座房子。"他说，"房子真漂亮，质量也很好，让人有回到家的感觉。您知道，现在这么坚固又漂亮的房子，已经没有人建了。"

"是的，说得不错，现在的年轻人对这么漂亮的房子不感兴趣。一座小公寓就能满足他们，然后他们会开着车到处闲逛。"这位老妇人接着他的话说。

"但是对我而言，它就是我希望拥有的房子。"她似乎被记忆里最温暖的部分触动了，声音有些颤抖，"这是一座用爱建成的房子，因为还没有开始建这座房子的时候，我和我的丈夫想了好多年它的模样。我们没有请建筑师，这座房子全部都是我们自己想法设计的。"

老妇人带着这位律师把整座房子参观了一遍，在参观的过程中，这位律师也对她所叙述的每一件宝贝真心地表达了赞美。其中有佩里斯披肩、韦奇伍德瓷器、古朴的英式茶壶、法式的床铺和椅子、意大利油画，还有曾经挂在法国城堡里的丝绸窗帘，这些东西都是她从全国各地用心挑选带回家里的，并且珍藏了一辈子。

带着这位律师把整座房子都参观完以后，老妇人又带着他来到了外面的车库。那里放着一辆崭新的闪闪发亮的帕卡德轿车。

"这辆车是我的丈夫为我买的，没过多久他就离我而去了。"她哽咽着说道，"自从他走以后，这辆车我就再也没有开过……既然你懂得欣赏美好的东西，这辆车就送给你了。"

"姑妈，这礼物实在太贵重了。"他说道，"对您的慷慨我感激不尽，但是我不能接受。我都算不上是您的直系亲属。我有一辆新车，您的一些亲属也许更需要这辆车呢。"

"我的亲属？"她生气地说，"没错，我的确有一些亲属，但是他们都在盼着我死呢，等我去世以后他们就可以拥有这辆车了，但我是不会让他们如愿的。"

"假如您不愿意把这辆车送给他们，您还可以把它卖给二手车商。"律师对她说。

"我怎么会把它卖了？"她说道，"你认为我会把这辆车卖了吗？你可以想象一下我看着一个陌生人开着这辆车我会有多难过！这辆车可是我的丈夫送给我的！不管怎样，我都不会把它卖掉的。我之所以想把这辆车送给你，是因为我认为你懂得欣赏美好的事物。"

这位老妇人自己一个人生活在这一座大房子里，和她做伴的也只有那些佩里斯披肩、法国古玩，还有她的回忆。她极度渴望自己能够得到别人的一点认可。她年轻时也曾漂亮、可人，也有很多年轻的男子追求她。她曾经亲手建造了这个充满爱的温暖小窝，再从全国各地收集了很多的物件，把自己的温馨小屋布置得有声有色。而现在，她将会在孤独中慢慢老去，她所渴望的无非是一点温暖，一句发自内心的称赞，但是，却没有人能够满足她这些小小的渴望。由于这位律师对她的称赞，她得到了心灵上的满足，这份情谊就如同沙漠中的一湾清泉，所以她一定要把自己最珍惜的帕卡德车送给这位律师，来表达她的感激之情。

让我们再来看看另外一个例子。唐纳德·麦克马洪在刘易斯-瓦伦丁园艺公司任职工程部主管，同时还是纽约州拉伊小镇的景观设计师。他为我们讲述了下面这个故事：

参加完"如何赢得朋友以及影响他人"这门课程之后，没过多久，一个知名法官邀请我去做庭院设计。他亲自接待了我，对我说，他希望可以在院子里的某个地方种植杜鹃。

我对他说："您这个爱好太好了，法官大人。我真的很佩服您可以把这些小狗养得这么可爱。我想我大概知道为什么您每年都会在曼迪逊广场花园的展示会上赢得那么多的奖励了。"

这句简单的称赞却收获了惊人的效果。

"是啊，"法官回答道，"这些可爱的小狗给我的生活带来了很多的乐趣。你想参观一下我的狗舍吗？"

他用了整整一个小时的时间向我介绍了他的那些狗以及它们所得到的奖项，甚至还拿出狗的家谱给我看，告诉我那些狗的优美的体态和它们的血统有着非常紧密的联系。

最后，他转过头来问我："你有孩子吗？"

"有啊，"我回答道，"我有一个儿子。"

"那他喜欢小狗吗？"法官问道。

"如果我送给他一只小狗，他一定会非常开心的。"

"哦,这样,那我就送给他一只吧。"法官说。

他开始告诉我一些喂养小狗的方法和技巧。接下来他停顿了一下,说道:"如果我只是讲给你听,你也许会忘记的,我给你写下来吧。"法官走进房间,把狗的血统以及喂养方法打印出来,还送给了我一只价值几百美元的小狗。他之所以肯浪费75分钟的宝贵时间给我讲述这些事情,很重要的一个原因是因为我对他所获得的成就以及爱好表达了高度的赞赏。

柯达公司的乔治·伊士曼发明了透明胶片,让动画电影指日可待。他拥有几百万美元的财富,是地球上最著名的企业家之一。但是除了这些显著的成就之外,他也和大多数人一样渴望得到人们的认可和称赞。

当年他在罗彻斯特大学建设伊士曼音乐学院和库伯恩礼堂的时候,纽约卓越座椅公司的总经理詹姆斯·亚当森希望可以把这两个项目中的座椅订单拿下。亚当森先生给负责相关项目的建筑师打电话,让建筑师引荐他和伊士曼先生见面。

亚当森来到约见的地方以后,那位建筑师说:"我知道你希望得到这份订单,可是你如果在乔治·伊士曼先生的办公室里待的时间超过5分钟,你肯定就没戏了。他特别忙,做事特别守规矩。建议你把来意大致阐述一下就马上出来。"

本来亚当森是计划这样做了。

当亚当森走进伊士曼先生办公室的时候,看见伊士曼先生正俯身从桌子上面放的一些文件里找什么。很快,伊士曼先生便抬起头,把眼镜摘下来,朝着建筑师和亚当森走了过来,说道:"先生们,早上好,两位来找我有什么事吗?"

建筑师为他们两人做了介绍,亚当森开口说道:"刚才等您的这一会儿工夫,我一直在欣赏您的办公室。我多么渴望自己也能坐在像这样的办公室里面办公。虽然我本人就是从事室内木制品买卖的，但是我这辈子从来都没有见过如此大气的办公室。"

乔治·伊士曼回答道："如果不是你提醒的话，我真的差点忘记我的办公室非常大气，对不对？起初建好的时候，我特别喜欢它；但是现在我手头的事情实在太多了，我已经很久没有仔细地欣赏一下自己的办公室了。"

亚当森走过去，爱惜地摸着一块镶嵌板，问道："这是英国的橡木吧？和意大利橡木的纹理略有不同。"

"没错，"伊士曼先生回答道，"这是从英国进口的橡木，是我的一位精通木材的朋友特意帮我挑选的。"

伊士曼带着亚当森参观了一圈他的办公室，品评着房间的结构、色彩、工艺，以及他本人参与和设计完成的其他效果。

他们在办公室里一边走一边欣赏着那些木制品，其间在一扇窗户前停了下来，乔治·伊士曼以一种谦逊温和的语气谈起了几家机构，他正在通过这些机构帮助更多的人，这些机构有罗彻斯特大学、综合医院、顺势疗法医院、友好之家、儿童医院，等等。亚当森先生称赞他找到了一种可以有价值利用财富的理想途径，这个途径可以让人类减少痛苦。之后，乔治·伊士曼把一个玻璃盒子打开，从玻璃盒子里面把他拥有的第一台相机取出来，这是当年他从一个英国人的手中买来的发明。

最后，亚当森向伊士曼先生问起他白手起家的一些经历。回忆起童年时代的困苦，伊士曼充满了感慨。对贫困的恐惧日夜困扰着他，他下定决心要挣更多的钱，有了更多的钱，母亲就可以不工作了。亚当森先生不想看到他难过，立刻转移了话题，继续询问他创业时所遇到的困难。亚当森先生一直非常专注地听着，当伊士曼先生讲到自己做干胶片实验的时候，亚当森表现出深深被吸引的样子。伊士曼先生说，那个时候自己一整天都是在办公室里面度过的，甚至整晚上都在进行实验，只有在那些化学药品发生反应的过程中才会小睡一会儿。有时候连续72小时都处于这种状态中，只能在办公室里面和衣而睡。

亚当森走进伊士曼先生办公室的时间是10点15分，那个时候他被告知最多只能在里面停留5分钟，但是现在已经过去两个小时了，他们还在开心地谈论着。最后，乔治·伊士曼对亚当森说："我有几把在日本买回来的椅子，我把它们放在了阳光直射的浴室里面，它们被晒得有些褪色了，所以我就去市中心买了一些颜料回来给它们上了色。你想不想看看我的手艺如何？跟我到我的家里一起吃午餐吧，我给你看看这几把椅子。"

吃过午饭后，伊士曼先生带亚当森看了他从日本带回来的椅子。虽然这些椅子值不了几美元，但是这位百万富豪乔治·伊士曼却将它们视若珍宝，因为这些椅子是他亲手上的色。

礼堂座椅的订单一共90000美元。你觉得最终这份订单会落到谁的手里呢？是詹姆斯·亚当森还是他的竞争对手呢？

这次拜访之后，伊士曼和詹姆斯·亚当森成为终生的朋友。

克劳德·马里斯在法国鲁昂经营着一家餐厅。正是因为他应用了这条准则，才将餐厅中的一位很重要的员工挽留下来。这位女士已经在马里斯先生的餐厅工作了5年，是马里斯先生的得力助手，也是其他21名员工的主要领导人。当马里斯先生收到这位女士的辞职信时，他非常惊讶。

马里斯先生说："当时我既感到有些惊讶，又很失望，因为我一直觉得自己对她很不错，对她的要求我几乎有求必应。因为我把她当成我的朋友，但同时她也是我的员工，所以也许是我把她的付出和贡献当作理所应当了，对她的要求要比对其他的员工更加苛刻。

"我不能接受这样不清不楚的辞职信，于是我便把她叫到一边，对她说：'波莱特，非常抱歉，你应该知道我无法接受你的辞职。你对我和公司而言，起着非常重要的作用。这家餐厅之所以经营得这样好，是因为你起到了关键的作用。'我当着全体员工的面，又把这些话说了一遍，还欢迎她到我家来做客，并且当着全家人的面重申了我对她的信心和希望。

"波莱特将她的辞职信收回了，现在我比从前更加信赖她了。对于她所付出的一切，我会经常性地给予鼓励，并表示感谢。让她明白我以及餐厅的运营都需要她的帮助。"

统治过大英帝国的迪斯雷利特别精于人情世故。他曾经说过这样的话："和对方谈论关于他们自己的事情，相信对方听上几个小时都不会感到厌烦的。"

第三篇

如何让他人信服你

避免陷入争论

"一战"刚刚过去的某一天，我在伦敦学到了无价的一课。当时我是飞行员史密斯爵士的一名助理，大战期间，史密斯爵士代表澳大利亚军队出征巴勒斯坦。战争结束后，他仅仅用了30天的时间就驾机绕地球半周，这前所未有的壮举让全世界的人们都感到震惊。为此，澳大利亚政府奖励他5万美元，英国国王也亲自授予他爵士称号。很快，他便成为英国人议论的重要话题，整个英国没有人不知道他的大名。一天晚上，我参加了他的庆功宴。在我旁边坐着的一个男士给我讲了一个很幽默的故事，其中引用了这样一句话："既然我们的命运已经握在上帝的手上，那么，我们只能把它粗略地改造。"

这位男士说的这句话引自《圣经》。可是很显然，他说的不对，我非常确定地知道他说的不对。为了展示自己的博学，获得优越感，我用非常坚定的口吻纠正了他的错误。没想到，他竟然顽固不化。什么？你说这句话是莎士比亚说的？怎么可能，太荒唐了！这句话是引自《圣经》，百分之百来源于《圣经》。

这个讲故事的男人坐在我的右边，我的左边坐着我的老朋友弗兰克·加蒙德。加蒙德先生曾经致力于莎士比亚及其作品的研究，所以我们把这个问题交给他来解决。加蒙德先生听完了我们的描述以后，偷偷地踢了我一下，说道："戴尔，是你错了，这位先生说得很对，这句话的确出自《圣经》。"

在当晚回家的路上，我非常生气地问加蒙德："你应该很清楚这句话是莎士比亚说的。"

"没错，我当然很清楚，"他回答，"这句话出自《哈姆雷特》第5幕的第2场。可是亲爱的戴尔先生，你应该知道，我们正在参加一个庆功晚宴。当大家都高高兴兴的时候，为什么要把别人的错误指出来呢？如果那样的话他会喜欢你吗？我们为什么不给他留些面子呢？他不经意地询问你的看法，你又何必和他发生争执呢？一定记住，尽量不要和他人产生冲突。"这番话我一辈子都会记着的。我的行为不但使讲故事的男士下不来台，还会把朋友推向尴尬的境地。如果我能给他人留一点余地的话，那么，当时的气氛就会好很多。

对于我来说，这个教训来得太是时候了，因为与他人争执已经成了我的习惯。年轻的时候，无论什么事情，我和哥哥都会争论一番。进入大学以后，我选修了逻辑与论证课程，还是辩论场上的常客。一旦有人提到我的出生地密苏里州时，我就会立刻显示出自己对当地有多么的熟知。大学毕业以后，我在纽约讲授论证与辩论的课程，我甚至还计划写一本这方面的书籍。从那时开始，我倾听、参加、观摩的辩论赛多达上千场。经历了这么多，我明白了一个道理，那就是不要争论。要想赢得争论，只有一个方法，那就是永远都不要争论。

就如同躲避响尾蛇和地震一样，避免与人产生争论。

在争论中，百分之九十都是以这样的方式结束的：双方都不让步，都坚信自己掌握的才是真理。

永远都不要期盼在争论中获得胜利，即便是你赢了争论，其实也是输的。此话怎讲？假如你把对方批驳得无地自容，向所有人证明了对方的观点是错误的，那又如何呢？你感觉舒服了吗？对方呢？你伤害了他的自尊，让他颜面无存。他一定会对你表示不服。如果你的观点不会让人打心底认可的话，那么，对方的内心深处还是会坚持原来的想法。

几年前，帕特里克·奥哈尔参加了我的课程。他并没有接受过什么教育，经常会和别人发生争执。他曾经当过司机，后来又转行做了卡车销售。他来参加我的课的主要原因是，他非常努力地推销卡车，但是却一辆都没有卖出去，所以来向我求助。和他进行了简单沟通以后，我找到了问题的关键：他做生意的时候，经常会和客户发生争辩，使客户极为反感。每当有客户指出卡车的问题时，他总是会怒气冲冲地和这些潜在客户争执一番。他最终的确赢得了多场争论，他对我说："我一边走出客户办公室，一边想我已经成功教训过那混蛋了。但是我虽然教训了他，却并没有把卡车卖给他。"

听他讲述完之后，我认为当务之急并不是教授奥哈尔说话的艺术，而是要帮助他克制自己的言行，尽量避免再与人发生冲突。

后来，奥哈尔先生成为纽约怀特汽车公司的一名优秀销售员。他是怎样做到的呢？我们来听听他自己是怎么说的吧。

如果有客户对我说："怀特汽车？它的质量简直差极了！你白送我一辆我都不要。我要买其他牌子的卡车，我是不会选择怀特的。"不管他说的是什么牌子，我都会对他说："这个牌子的卡车的确很好。不但质量好，销售人员也比较友善。"

对于客户提出来的观点，我均表示赞同，他就没有什么可和我争论的了，他也不会一直不停地说这家公司是多么的好。我再抛开这家公司的话题，向客户介绍怀特卡车的优势。

如果是之前，我一定会和客户争论得面红耳赤，总是会有这样的情形：我越说哪个牌子有问题，他就越替这个牌子争辩；他越争辩，他自己就越觉得这个牌子的卡车才是最好的。

现在回过头想想，我也觉得以我之前那样的脾气，怎么会卖出东西呢。我把时间都浪费在了辩驳以及争执上面，现在我知道自己错在哪里了，所以才会有今天的成绩。

本杰明·富兰克林曾经也说过这样的话："也许辩驳会为你带来胜利，可是这种胜利没有任何意义，因为对方并不会发自内心地认可你。"

想想看，你所追求和希望得到的是形式上的胜利还是对方发自内心的对你的肯定？两者是没有办法兼而得之的。

《波士顿文摘》曾经刊载过一首寓意深刻的打油诗：

> 威廉·杰伊的身躯在这里长眠，
> 他捍卫着他的真理逝去。
> 每次争辩他都是赢家，
> 但是那又如何呢？
> 就像他的生命一样，
> 脆弱而不堪一击。

可能你永远是正确的，一点错误都没有；但是在对方看来，你的观点就像你争执时的态度一样，无可救药。

弗雷德里克·帕森斯是负责税收的工作人员，他曾经因为9000美元和政府的税务监察员争论了将近一个小时。帕森斯表示这9000美元是一笔坏账，不需要纳税。"坏账，胡说八道！它必须得纳税。"监察员毫不相让。

后来在我的课堂上，帕森斯还提起了这件事：

> 那个监察员简直不可理喻，不但脾气暴躁，而且还呆板无比。他根本不看实际情况，我和他没有道理可讲……我越和他吵，他就越固执。所以我尝试着转换话题，找机会对他进行称赞。

我对他说："你之前解决了那么多的难题，这件事对于你来说简直就是小事一桩。虽然我之前研究过税收，但是脑子里面装的全部都是书本上的知识。但是你就不一样，你的知识都是通过实践经验得来的。我真的很羡慕你，如果我也有像你一样的工作，就可以学到更多的东西了。"我说的每一句话都是发自内心的。

那位监察员听我说了这番话，坐在椅子上挺直了身子，然后向后靠了靠，跟我聊起了他在工作中经历的事情，比如他是怎样揭穿税务诈骗的。他的语气也渐渐友好起来，后来我们还聊起了关于孩子的事情。当他准备离开的时候，他说一定会深入调查我所提出的问题，这几天就会给我答复的。

3天之后，他特意来到了我的办公室，告诉我他决定把那笔9000美元的税款一分不差地返回给原主。

从这位监察员的身上，我们可以看出人性中最常见的弱点之一——希望得到重视。在和帕森斯先生争论的时候，他之所以会厉声呵斥，是因为他想维护自己的威严。一旦得到了他人的认可和尊敬，他就会安静下来，也会变得更加通情达理起来。

佛说：冤冤相报何时了，只有爱才能把仇恨化解。同样，争论永远都不会化解误会。如果你深谙为人处世之道，应该知道退一步海阔天空；当你愿意去理解他人的想法的时候，你才能够化解人与人之间的争执。

林肯曾经训斥了一位经常与同僚发生争吵的军官。"伟人是不会把时间浪费在争吵上面的，"林肯说，"因为意气用事没有任何意义，只会让你的脾气变得更加暴躁，自我控制力下降。你的私事再大，也大不过人类的平等。所以在个人问题上要懂得让步。与其和狗争道，不如在一旁站着让它先过。因为如果将那只狗杀掉，你自己也不会完好无损。"

《平凡的小事》里面刊登过一篇文章，讲解如何正确地对待分歧，如何避免分歧升级为争吵：

学会接受不同的意见。请记住这句话："如果一起合作的两个人意见总是完全一致，那么他们其中的一个人就失去了存在的意义。"如果对方提出的问题是你不曾想到的，那么你应该感到庆幸。也许因为对方所提出的问题，使你的一个严重的失误得到纠正。

你应该将那些先入为主的观念丢掉，人的本能会让我们下意识地进入戒备的状态。你要格外的小心，要保持冷静，因为你的本能反应也许会把你的理智吞噬掉。

控制好自己的情绪。人们往往都是用脾气来衡量一个人的气度的。

要给对方说话的机会，一定要耐心地听对方把话说完。假如你中途进行反驳和辩护，只会加深你们之间的隔阂。建立起沟通的桥梁才是你应该做的，而不是加深隔阂。

努力地寻找认同点。认真地听对方把话说完后，想一想，对方的观点有哪些是你所认可的。

在能让步的时候就让步，该承认错误的时候就承认错误，这会使对方放下戒心。

向对方承诺你会认真考虑他的想法，而且绝对不会失言，因为对方的想法也许是正确的。在这个时候考虑他们的观点，总好过让对方有机会指责你："我们曾经告诉过你，但是你就是不听。"

真心地感谢对方的重视。对方肯花时间和你一起探讨这个问题是因为你们有着共同的兴趣。你可以把对方当成一个真心想帮助你的朋友。

换个时间再讨论这个问题，这样双方都有更多的思考时间。当你们把所有的细节都考虑到的时候，你们就可以安排时间见面了。在见面之前，不妨先问问自己下面这些问题：

对方的观点有可能是正确的吗？也可以这样问，有一部分是正确的吗？他的论点中有没有什么可取之处呢？我今天的建议能解决问题，还是只会引起不快？我今天的行为会让对方敬而远之，还是会得到对方的肯定？我今天的表现会让别人对我有更多好感吗？我是会赢还是会输呢？如果我赢了的话，会付出怎样的代价呢？如果我尽可能保持沉默，会不会化解分歧呢？目前所面临的困难对我而言算不算一个机会？

男高音歌唱家简·皮尔斯在金婚的时候说："很早之前，我和妻子有一个共同的约定：如果我们中间有一个人在发火，那么，另外一个人必须要静静地倾听。因为如果两个人都怒吼起来，就没有办法继续沟通了。我们说好在未来的日子里不管我们互相有多少不满，都不要违背这个约定。"

如何避免树敌

西奥多·罗斯福执政的时候曾声称，在他执政期间所做的事情中，正确率如果有75%的话，那他就会感到很满足了。

如果连这位20世纪最杰出的人物对自己的最高期望值也不过如此，那么我们做事的正确率又可以达到多少呢？

如果你能保证自己做事有55%的正确率，那么就可以去华尔街工作，每天就能挣100万美元了；但是如果你连55%的正确率都达不到，那么你又有什么资格去指责别人呢？

实际上，你想指责别人，不需要开口表达，只需用一个眼神、一种声调或者一个手势，就如同你用语言指责一样。你觉得，你这么做会让别人感到羞愧吗？你太自以为是了！他们的智商和判断力被你否认了，你伤害了他们的骄傲和自尊，他们所要做的只有反驳你。可能你会把柏拉图和康德的逻辑理论拿出来吓唬他们，可是你还是无法改变对方的观念，因为他们的感情已经被你深深地伤害了。

永远不要对他人说："我来告诉你，你到底哪里做错了。"这样的话非常伤人，因为它的言外之意是：我比你有能力，让我来教教你怎么样做才是对的。

这样的做法就是在树立敌人，会把他人推向和你对立的位置，甚至在你还没有开口的时候他就已经决定与你为敌了。

试图去改变一个人的观念真的很难，即使用最友善的言语也不一定管用。犀利的责备会让事情变得更加困难。何必让自己陷入困境呢?

假如你真的想指出他人的错误,请换一种巧妙的方式。亚历山大·波普的这句名言告诉了我们这种巧妙的方法:

教人于无形之中,称其无知为多忘,人方可受教。

300年前,伽利略也曾指出:

你没有办法教会别人什么,你能做到的,只有引导他人去发现。

切斯特·菲尔德爵士对自己的儿子说:

你要比所有人聪明,但是这一点你不要告诉他们。

苏格拉底在雅典一再告诉他的学生:

我唯一知道的是我一无所知。

我的智慧永远不能和苏格拉底相提并论,所以我不会指责他人的过失。事实证明,这种改变是值得的。

如果有人说错了话,即使你非常确定他错了,你也要委婉地对他说:"我和你的想法略有不同。可能是我错了,我经常会犯错。如果你发现了我的错误所在,请一定要告诉我,我们可以一起研究。"

"可能是我错了,我经常会犯错。我们可以一起来研究。"这句看似简单的话里蕴涵着积极的魔力。

不管是天上的神仙还是地下的魔鬼，或者是水中的妖怪，都无法抗拒这样的句子：可能是我错了，我经常会犯错，我们可以一起研究。

哈罗德·莱因克是蒙大拿州比林斯地区的汽车经销商，也是我班里面的学员，他就是使用了上述的技巧和客户进行交流的。他说，在整个汽车行业中，每个人的压力都非常大，所以他每次接到客户投诉的时候总是态度强硬，语气也不好，这种做法让交谈变得非常不愉快，有好几次他都和客户大吵了起来，业绩也不断下滑。他对全班说：

> 我意识到再这样下去肯定不行，必须得换一种方式了，于是我尝试着对客户说："我们的服务肯定会有疏忽之处，为此我感到非常抱歉。这件事也许是我们的问题，请您把详细情况告诉我。"
>
> 这番话让客户激动的情绪稳定了下来。当我们谈到处置方案的时候，客户就会变得通情达理。有很多客户夸我的态度好，并向我表示感谢。还有两位客户介绍朋友到我这里来买车。在竞争如此激烈的市场环境下，我们需要更多这样的客户。我相信有礼有节地对待客户，对客户提出的意见表示尊重，会让我们在竞争中取得优势。

主动向对方承认错误会使你远离纷争，对方也会被你的大气感染。对方会更加坦诚，甚至还会向你表示友好。

现在我相信，如果直言不讳地说出对方的错误，不但对自己没有任何好处，而且会使对方的自尊受到伤害，这样你在什么场合都不会受到欢迎的。我们来看一个例子：纽约的年轻律师苏先生曾经在美国高级法院为一个重大案件做辩护，这个案件涉及一笔巨款和一个非常严重的法律问题。在辩护中，一位法官向他提问："海事法的诉讼时效是6年，没错吧？"

苏先生愣住了，盯着法官看了一会儿，直接对法官说道："法官大人，海事法是没有诉讼时效的。"

在我的课堂上，苏先生讲起当时的情形：

> 法庭上顿时一片寂静，感觉空气像凝固了一样。法官犯了常识性的错误，我还直接说出了他所犯的这个常识性错误。法官会不会变得更加友善呢？不可能的。我相信自己说的是正确的，而且我在法庭上的辩论也发挥得特别好，但是，法官并不相信我。我竟然当众指出这位富有威望、接受过良好专业教育的法官的错误，我这样做真是大错特错啊。

在这个世界上，理性的人非常少。大部分人都充满偏见，这种偏见来自于猜疑、嫉妒、恐惧、傲慢以及先入为主的观念。几乎没有人愿意改变自己对信仰、发型或者是偶像的看法。所以，建议你每天吃早餐前读一读下面这段话，这段话引自于詹姆斯·哈维·鲁滨逊的作品《成长中的心智》。

> 有的时候，我们的看法会在不知不觉中发生变化。然而，当我们所犯的错误被别人指出的时候，我们却依然坚持，还在心中设下一道防线。我们丝毫不会在意自己的价值观于不经意间形成，如果有人要求我们改变这些价值观，我们就会产生强烈的反应。很显然，重要的不是价值观本身，而是我们的自尊心受到挑衅……小小的"我"字是人类事物中最重要的字，如果使用得当，它会开启智慧之门。"我的"晚餐、"我的"小狗、"我的"住处、"我的"母亲、"我的"国家、"我的"信仰，这些

小小的字眼里都具有不可小觑的力量。我们不但不喜欢别人指责我们"你的手表不准""你的车子太破旧了",而且还不喜欢别人指责我们对事物的看法:"你对火星一无所知""你把埃皮克提图的名字给读错了""你不了解水杨苷的药用性""你将萨尔贡一世的改革时间弄错了",这些话都会使我们感到厌恶。我们总是相信那些早就已经形成的认知。一旦那些假定的"事实"被人质疑,我们就会心生抵触,还要找一些理由来坚守自己的立场。结果我们所宣称的"理性",就是寻找证据去证明那些我们早已认可的东西。

很有名气的心理学家卡尔·罗杰斯在他的作品《个人形成论》中写道:

> 每当我试图站在他人角度去想并表示理解的时候,我发现自己也从中收获不小。这句话听上去似乎有些奇怪。你会问,有必要站在他人角度去想并且还要理解他人吗?我认为非常有必要。对大部分(从别人那里听来的)说法,我们的第一反应通常不是试着理解它,而是对其做出评价或者评判。当有人说出他的想法、态度或者信仰的时候,总是首先引发我们的感受——"是这样的""这样做太有病了""实在是太不正常了""真是不切实际""这怎么可能""这样不好吧",我们很少会站在他人的角度去想并且表示理解。

我曾经请了一位室内设计师为我家制作窗帘。当我看到账单的那一刻,我被这天价的窗帘惊呆了。

几天以后,一位朋友到家里做客。他参观了我家的新装置,当他向我问起窗帘的价格时,用非常惊讶的语气说道:"天啊!这也太贵了吧！你一定是被人骗了吧？"

朋友说的是实话吗？没错。可是大家都不喜欢听质疑自己的判断力的实话。我出自本能地为自己辩护起来："贵的东西自然有它的价值，一分钱一分货。这么高档的窗帘，不出高价是买不下来的。"

第二天，另一位朋友也来我家里做客。她称赞着我家的新添置，不停地叫好，还说她希望自己的家里也有这么高档的窗帘。这时我的反应和前一天完全不同。"唉，说实话，我真的是买贵了，"我说，"设计师多收了费用，我真后悔订做之前没有问好价格。"

大多情况下，我们对自己所犯的错误心里是很清楚的。当有人巧妙、谦和地对此做出评价时，我们就很愿意承认自己所犯的错误，甚至还会为自己的坦诚感到自豪。但是如果他人道出难堪的事实，还强迫我们接受的时候，我们决不妥协。

美国内战时期，著名的编辑霍勒斯·格里利曾拼命反对林肯政府的政策。他认为讥讽和辱骂可以让林肯同意他的观点，于是他便日复一日、年复一年，不停地对林肯恶言相加。就在林肯遇刺的当夜，他还写了一篇尖酸刻薄的文章对林肯进行攻击。

这些人身攻击会使林肯改变观点吗？当然不会。讥讽和辱骂永远都不会被认同的。如果你想了解为人处世之道，提升个人魅力以及自身修养，不妨读一下本杰明·富兰克林的自传吧。他的人生故事是迄今为止最为精彩的，也是美国不朽的文学经典。富兰克林在书中道出了他是怎样从一个争强好胜的少年成为美国历史上精明强干的政治领袖的。

在富兰克林还是一个行事鲁莽的年轻人的时候，一位身为教友派信徒的老朋友把他拉到一旁，向他道出了刺耳的事实：

> 本，你实在是无可挽救了。只要有人和你的意见不一致，你就会口出狂言，急着把自己的意见强加给他人。你的行为就相对

于在打他们的脸，他们是不会去听你的那些观点的。当你远离你的朋友的时候，他们会更加快乐。你的知识实在太渊博了，别人不可能教给你什么，也根本没有人愿意教你，因为他们不希望自己不开心，也不想给自己制造麻烦。所以，你是不可能学到更多知识的。实际上，你现在的知识也是有限的，如果你再这样下去的话，就实在太无知了。

富兰克林的英明之处就是他接受了对方的这番忠告。他有成功的大志，也非常聪明，他意识到如果自己再这样下去的话，他的人生会一败涂地，他的社交生活也会以失败告终。所以他立刻把自己那些傲慢无礼和固执己见的恶习纠正过来。他说：

我给自己做了约定，不可以直接去反驳他人，不得断然相信自己。我禁止自己使用意见明确的话，比如说"当然""不可否认""肯定是这样"这类过于坚定的字眼。我会尽量说"我估计""我以为""我担心""我是这么想的""我觉得可能是这样"等等。当发现他人的观点有误的时候，我会克制住自己不要立即去反驳他，也不会揭穿他人的谬误。我会想：对方的观点可能在某种情况下是正确的，但目前是不可行的。我很快就发现这个改变使我受益匪浅。在和他人交流时气氛融洽了许多。谦逊的表达更容易让他人接受，争执也减少了很多。当有人指出我的错误时，我不会再觉得羞耻。如果我的观点没有错，我就会轻松愉快地劝说他人改变自己的错误观点，使他人和我的观点保持一致。

当我做出上述改变的时候，起初，我是强迫自己这样做的，后来我惊奇地发现这一行为已经成为一种习惯，顺其自然就会那样去做了。在过去的50年里，我再没有说过一句武断的话。正是因为这一习惯以及我的人格魅力，当我提出推行新的制度、修订旧制度的时候，得到了民众的大力支持，我作为国会议员的发言也颇具影响力。我口才不佳，不善言辞，措辞总是犹豫不决，在语言上没有任何优势，但是这并不影响我清晰地表达自己的观点。

富兰克林的处世方法可以运用到商业谈判中吗？下面我们来看两个例子。

卡瑟琳·奥尔雷德在北卡罗来纳州的一家纺纱厂做工程监管。工作的过程中，她遇到了一个非常敏感的问题。当她加入了我们的培训班以后，她就知道怎样处理这种问题了。下面是她在课堂上所讲述的：

我的职责之一是为工厂制定和实施奖励制度。在厂里，工人们生产的纱线越多，挣的钱也就越多。之前我们工厂只生产2~3种纱布，所以现有的制度实施起来没有任何问题。但是近期由于工厂的库存加大了，生产力也提高了，生产的纱布种类突然提升到12种以上。由此，现有的奖励制度已经不适合了，我按照工人的工作时段以及纺出的纱布等级制定出来一个新的奖励制度。我拿着新制定的制度去见厂领导，想向他们证明我的新方案是可行的。我详细解释了之前方案的不足之处，比如可能会在某个环节有漏洞，我的新方案是如何把这些问题规避掉的。结果怎样呢？一败涂地！我太过于着急地为新方案辩护，但是却忽略了要给他们留面子，致使我的方案没有被认可。

现在我终于知道自己错在什么地方了。我再一次召集了会议，这回，我提议让他们自己来说一说问题的所在。我把所能想到的问题一一列出来，让他们去想更好的解决办法。我保持低调，只是在适当的时候提出几项建议，最后将他们成功地引向我的思路。他们最终热情地接受了我的新方案。

现在我相信，直言不讳地告诉对方他犯错了，这样做不但不会带来任何好处，而且还会给自己引来很多的麻烦。你的收获就是成功地践踏了那个人的尊严，还让自己成为无论在什么场合都是最不受欢迎的那个人。

我们再来看一下另外一个例子。请记住，我所列举的这些例子并不是个例，而是数千人中的典型案例。克劳利是纽约一家木材公司的销售员。他坦言，这么多年以来，他一直都告诉那些自以为是的木材检验员他们是错的。每次争执中赢的都是他，但是这并没有给他带来任何好处。"这些木材检验员就像棒球的裁判一样，"克劳利说，"他们一旦做了决定，就再也不会改变。"

克劳利发现，自己虽然赢得了那些争论，但是却让公司损失了数千美元。为解决这个矛盾，他来到了我们的培训班。接受培训后，他决心改变策略，不再和那些检验员发生争执。结果怎样呢？他给学员们讲述了这个故事：

一天早上，我办公室的电话响了。打来电话的那个人怒气冲冲，称我们给他们工厂提供的木材质量实在是太差了，他们公司已经停止卸货，要求我们马上派人去把木材搬走。木材卸载还不到一半的时候，他们的木材检验员报告说这批木材有55%都不合格，所以他们拒绝收货。

我随即出发赶往他们的工厂。在路上，我就考虑着如何处理这一难题。大多数情况下，我会引用木材的评级标准，再结合自己当检验员时的经验，向对方说明我们的木材是合乎标准的，是他们验货的方法不正确。这一次，我决定运用我在培训课上所学到的方法处理此事。

我到达那个木材厂的时候，发现局面很糟糕，那位采购员和检验员似乎已经做好了和我吵架的准备。我走到货车旁边，请他们继续卸货，我要看看这批木材的问题究竟出在什么地方。检验员按照我的要求把不合格的木材挑出来，再把通过检查的放在另外一堆。

我看了一会儿，便察觉到是由于这位检验员的评定标准太过严格，误解了评级标准，才使不合格率大增。当天的木料是白松木，我意识到这个检验员只清楚有关硬木方面的知识，但是却不了解白松木。刚好我对白松木再熟悉不过了，但是我并没有当场质疑他的检测标准。我继续在一旁观察，偶尔会提出几个问题，比如问这几根木材为什么不达标。我并没有责备他的意思，我向他说明，我问这些问题的目的是想了解他们公司的具体需求，以后能更好地为他们提供货物。

我的提问态度很友好，对挑拣木材并没有持反对意见，就这样，他们的敌对情绪也渐渐消失，我和这位检验员也聊得熟络起来。不经意间我给出了一句评价，让他们意识到他们的要求也许是太苛刻了，他们所遵循的是价位高的木材的标准。我的言辞非常谨慎，不让他们察觉我是有意提出这一点的。

检验员的态度终于有了转变。他对我说自己对白松木并不是十分了解，而且他每在车上拿下一根木材时总会征求我的意见。我对他解释了这根木材为什么是符合等级标准的，还和他强调如果没有达到他的标准，我们可以接受退货。最终他们意识到问题出在自己身上，是由于他们之前没有征订更高价位的木材。

我离开以后，他们把所有的木材又重新检验了一遍并全部接收。之后，他们又给我们寄了一张全额付清的支票。

在处理这件事情上，我运用了沟通的技巧，控制住自己没有直接指出对方的错误，借此为公司挽回了很大的损失，而我挽回的信誉更是无法估量的。

有人质疑马丁·路德·金：身为一个和平主义者，出于什么原因看重前空军上将、军衔最高的黑人军官丹尼尔·詹姆斯呢？马丁·路德·金是这样说的："对一个人做出评价的时候，我看的是对方的处事原则，而并不是我自己的原则。"

罗伯特·李将军在南方联盟总统杰斐逊·戴维斯的面前极力称赞他手下的一名军官时，在场的另一位军官吃惊地问他："将军，难道您不知道这个人是您的对手吗？他一定不会放弃任何诋毁您的机会啊。"李将军回答："我知道，但是总统先生问的是我对他的看法，而不是他对我的看法。"

补充一点，本章中我所叙述的内容并不是什么新颖的思想，两千年前耶稣就曾经说过："一定要尽快和你的对手和解。"

而在基督诞生前2200年，埃及法老也曾告诫过自己的儿子："处事要圆滑得体，才会达到你想要的效果。"在今天看来，这句话依然很有道理。

换句话说，不要和你的顾客、你的爱人以及你的对手发生争执，对于他们所犯的错误不要直接指出或批评，不要和他们发生冲突，要学会巧妙地周旋。

学会认错

我家旁边有一片未经开发的树林，从我家步行一分钟就能到达那里。春天，那里的黑莓树上开满了白色的小花，松鼠们为了哺育下一代在林间筑巢。这里到处都是杂草，有些都已经长得像马一样高了，人们把它称为"森林公园"。没错，它的确是森林，它的样子就如同哥伦布刚发现美洲大陆时荒芜的景象。我经常带着我的小斗牛犬雷克斯在林间散步。雷克斯没有攻击性，是一只很温和的猎犬。由于林子里几乎看不见其他人，所以我就没给它戴口套，也没有拴狗链。

有一天，我们又去散步的时候，碰到了一位骑着马的警察，这位警察极度渴望证明自己的威严。

"这是什么情况？不给狗戴口套，也不拴狗链，还让它在这里到处乱跑，这是违法的，你不知道吗？"警察朝我大声训斥道。

"我知道，"我心平气和地回答道，"但是我觉得狗在这样的地方是不会伤害到别人的。"

"你觉得不会！你觉得不会！法律是不会听你解释这些的。如果你的狗把松鼠咬死、把孩子咬伤了怎么办呢？这次我给你警告，如果下次再让我碰见它没有戴口套，也没有拴狗链的话，我一定会让你受到制裁的。"

我连忙说："是，是。"

在接下来的第二次、第三次，我依旧没有给雷克斯戴口罩。雷克斯不愿意戴口套，我也不希望它戴，我决定铤而走险。本来情况一切正常，我带着雷克斯翻越山顶，糟糕，情况不妙，那位警察骑着一匹栗色的马突然出现在我们的面前。

我意识到遇到麻烦了，所以没等警察开口我就说："警官，我承认被您给逮个正着。我没有任何借口，我认罪。上次您警告过我，说如果再碰见我不给狗戴口套一定会惩罚我的。"

"好吧，"警察和气地对我说道，"我能理解，小狗可以在没有人的地方开心地跑一会儿，这的确是一件很有诱惑力的事情。"

"确实很吸引人，"我回答，"但的确是违法的。"

"我知道，可是这么小的狗怎么会伤害到别人呢？"警察反问道。

"肯定不会，但是它会把松鼠咬死的。"我说。

"好吧，你实在是有些太较真了，"他对我说，"我告诉你应该怎么做。只要让这小狗跑到山的那边，一直跑到我看不见的地方，然后我就当什么也没看见。"

警察也渴望得到"被重视"的感觉。当我在自我责备的时候，他唯一可以维护自己尊严的方式就是展现他大气的一面。

如果当时我极力为自己辩护，结果又会如何呢？如果你和警察发生过争执，那么你一定会知道是怎样的下场。

我不但没有和他发生正面冲突，而且还积极诚恳地主动向他承认了错误。由于我们都站在了对方的立场考虑，事情终于有一个圆满的结果。几天以前这位警察还对我毫不客气，现在却对我宽容大度，也许这位警察比查斯特菲尔德勋爵还要慈悲吧。

假如我们心里很清楚即将发生冲突，为什么不在对方开口之前先认错呢？自我批评要比受到别人的责骂舒服得多，不是吗？

要赶在对方开口之前，就帮他把他要说出来的话说出来，那么，在大多情况下，对方都会变得宽宏大度，从而也会把你的错误最小化。没错，那位骑马的警察就是这样做的。

费迪南·沃伦是一位商业艺术家，他就是运用了这一技巧，使一位脾气暴躁的买家产生好感。沃伦先生说：

那些以出版和广告为目的的绘画，最关键的就是要表达得清晰、明确。

总是有一些艺术编辑会来催活儿，要求我立刻把他们委托的任务做完。由于时间比较紧张，所以难以避免出现一些细微的错误。其中有一位艺术编辑特别喜欢吹毛求疵。每次由于工作的关系不得不进入他的办公室时，我都会心生厌恶。我对这个人很反感的原因并不是由于他的批评，而是由于我接受不了他攻击人的方式。近期，我上交了一幅匆忙完成的作品，很快我就接到了他的电话，称作品有问题，让我马上到他的办公室去一趟。我去了以后，他便不停地批评并指责我的错误，还愤怒地问我为什么不知道注意——我早就料到他会这样。这个时候，我便使用上了自我批评的办法。我说："先生，我真不应该犯这样的错误。我都已经为您工作这么长时间了，本来应该绘制出让您满意的作品，可是并没有，我为自己的行为感到羞愧。"

他听后马上替我辩解道："你说得对，但是，这个问题并不算严重，只是……"

"无论问题严不严重，"我打断了他的话，"它都给您带来了麻烦，还会影响客户对我们的看法。"

他试图要插话，但我并没有给他机会。这一刻对我来说很重要，因为这是我第一次这样自我责备。对于这个过程，我很享受。

"我真的应该更加仔细一些，"我接着说，"您给我提供了那么多的生意，我应该把最好的作品展示给您。所以，我想我需要重新再画一幅。"

"不用！真的不需要！"他反驳道，"我不希望给你增添烦恼。"他马上对我的作品进行了一番称赞，说他只是希望我可以稍微修改一下，因为我所犯的错误并没有让他们公司损失什么，而且这只不过是一个细节问题，不用太当回事。

由于我的自我责备，他的怒气得到了平息，后来他还邀请我和他一起吃午餐。在我们分别的时候，他还将稿酬结清了，并且又和我签了一份合约。

主动认错是一件可以给自己带来收获的事情。认错不但会化解纷争、缓和气氛，在很多情况下还可以把由于犯错而引发的问题解决掉。

新墨西哥州的布鲁斯·哈维给一位请病假的员工开工资单的时候犯了这样的错误：他给那个员工误开了一张全额的工资单。发现自己所犯的错误以后，哈维向那名员工说明了情况，还告诉他多发的那部分金额会在下个月的工资里面扣除。那名员工希望哈维可以分期扣除，如果一次性全部扣除会让他面临很严重的经济问题。哈维本人并没有什么意见，可是他必须要征求主管部门的意见。哈维说：

我知道自己这么做会让主管大人不开心，但是我再三思考，认为整件事情都是自己的过失，我一定要向领导承认错误。

我进入了他的办公室，把事件全盘托出，并向他说明了我所犯的错误。他声称这应该是人事部门的问题，我坚持说这的确是我的错，他又说是会计部门不够仔细。我依然坚持是自己的问题，他又开始指责起了办公室里的另外两个人。不管他怎么说，我都坚持认为是自己做错了。终于，他看着我说道："好吧，这是你的错，你去把它改正过来吧。"就这样，我没有给其他人带来麻烦，并且把这件情况圆满地解决了。我感觉自己实在太厉害了，因为我从容地缓解了这样紧张的局面，也没有给自己所犯的错误找借口。从那以后，领导对我比以前更加重视了。

为自己所犯的错误辩解的人是傻瓜。事实也是如此，很多傻瓜都是这么做的。一旦承认了自己所犯的错误，你就有别于他人，你会为自己的高尚而感到欣喜。罗伯特·李将军所做的最英明的一件事就是，把葛底斯堡战役"皮克特冲锋"的失败全部都揽在自己的身上。

毫无疑问，"皮克特冲锋"是西方战争史上最壮丽的一次突袭。乔治·皮克特将军的才智超乎寻常，他在战场上就如同意大利战场上的拿破仑一样。一个7月的下午，皮克特跨上了马背，把帽檐儿移至一旁，威风凛凛地冲向敌方的阵地。无数的士兵在他的身后挥动着旗帜、大声喊着口号，刺刀上的光芒闪闪发亮。北方部队看到这一场景时，都不得不发出一阵赞叹。

皮克特率领着千军万马翻越了平原和峡谷，一步一步靠近敌人的阵地。在行进中，南方的部队受到无情的炮火攻击，也没有打消他们前进的决心。

当他们到达墓地山脊的时候，又遭到了已经埋伏在这里多时的北方军队步兵火力的密集扫射。整个山顶血流成河，放眼看去如同火山岩浆喷发的场景。在短暂的时间里，皮克特的兵力就所剩无几了，存活下来的只有一位旅长和少量的士兵。

刘易斯·阿米斯特德将军率领着最后一支冲锋部队，他率先进入北方部队的战壕内，用大刀将军帽挑起，大声高呼："弟兄们，冲啊！"

士兵们奋勇地冲上前去，用刺刀和枪杆子和敌人进行了一场生死厮杀。终于，他们把战旗插在了墓地山脊的土地上。旗帜只飘扬了很短暂的时间，而那短暂的时间，就是南方邦联在战场上的巅峰时刻。

然而，"皮克特冲锋"只是这场战役失败的开始。李将军非常清楚，他已经无法攻破北方部队的防线了。

再这样下去的话，南方部队肯定会以失败告终的。

李将军的情绪非常低落，他将辞职信递到南方联盟总统杰斐逊·戴维斯的手上，希望总统可以委派一位更有能力的将领来顶替自己。本来，李将军完全可以为"皮克特冲锋"的失败找一些理由的，比如某些师长的表现很让人失望，后方的骑兵部队没有及时过来支援，或者说这里出现了失误、那里出现了什么特别状况等等。

但是具有高尚品格的李将军是不会这样做的。当皮克特带领残兵败将回到阵营的时候，他亲自骑马迎接大家，还不断地表示自责："这样的后果都是我造成的，我理应承担全部的责任。"

历史上敢于承认自己错误的将军是屈指可数的。

本课程在中国香港地区的讲师迈克尔·张为我们讲述了在中国文化背景下，人们在交往的过程中遇到的问题。他表示，有的时候把交往原则付诸实际行动的意义要远胜于遵从传统观念。学员里有一名中年男子，这名男子由于吸食鸦片，让儿子跟他产生了距离。把鸦片戒掉之后，他希望和儿子重归于好，但是在中国的传统观念里，家长是不会主动承认错误的。在课堂上，他向我们倾诉了他是多么想见一见从来都没有见过面的孙子，多么渴望可以和儿子如同从前一样。但是这位父亲觉得，应该由孩子首先表示和解，家长应该被动等待。这位父亲在痛苦和等待中挣扎着，中国的学员们大多表示理解。

后来，在那一期课程马上结束的时候，这位父亲再一次表示：

我已经认真考虑过了。戴尔·卡耐基说过："如果你意识到自己的错误，就要立刻向对方表示自己的错误。"我没有办法做到"立刻"，但是"诚恳"我是完全可以做到的。他不愿意见到我，是我的原因，所以他才把我逐出了他的生活。即使祈求孩子的宽恕是非常没有面子的事，可是我有错在先，我必须要向他认错。

大家纷纷表示支持，为他鼓掌。第二天，他兴高采烈地告诉我们：儿子原谅了他，他又和儿子和好如初了，也见到了自己的儿媳和孙子。

埃尔伯特·哈伯德是一位有着独到见解的作家，他那犀利的文字引发了太多的争议，经常也会招来深深的怨恨。但是哈伯德的社交能力非常强，只需简短的几句话就可以化敌为友。

有一次，他收到了一些来自愤怒读者的信。在信中，这些读者对他的文章大肆批判，并且还在信的结尾标注了不雅的称号。我们来看看他是怎样回复这些读者的：

> 经过仔细思考之后，连我也不完全认同自己的观点了。过去所写下的东西已经不能代表现在的我的观点。能读到你的见解，我真的很庆幸。下次你如果来我家附近，请记得来我家，我要和你好好探讨一下这个问题。

> 您诚挚的朋友
艾尔伯特·哈伯德

如果你收到这样的答复，你还能对他说些什么呢？

当我们的观点是正确的时候，要通过巧妙而温和的语言让对方信服。当我们的观点出现问题的时候，那么我们要坦诚相待，马上向对方承认自己的错误。通常情况下，这样的举动会带来意想不到的效果，更何况承认错误远比无谓的争辩更让人愉快。

有句古老的格言烦请记住：靠争夺，你永远都不能让自己满足；懂谦让，你才会获得出乎意料的收益。

一滴蜂蜜的奥秘

每次当你大发雷霆，忍不住去教训别人的时候，你的情绪便得到了宣泄，心情也会随之变得愉快。但是对方呢？你的快感可以分给他吗？你挑衅的语气和敌视的态度真的能让对方认可你的观点吗？

美国前总统伍德罗·威尔逊说过："如果你紧握双拳，来势汹汹，我保证会和你一样握紧双拳；如果你说：'让我们坐下来聊一聊吧，如果我们的意见不一致，那么这正是我们互相了解的好机会。'如果是这样的话，我就会认为我们之间并没有多大的隔阂，大多数的时候还是很融洽的。只要想让我们的目的达成一致，我们就一定能达成一致。"

对于这个观点，约翰·洛克菲勒极其认同。1951年，洛克菲勒在科罗拉多州成为人人喊打的恶棍。他统管的科罗拉多燃料钢铁公司由于薪资过低，激起了广大工人的愤怒，一场震惊全美的罢工事件就此展开。工人们把公司的设备砸毁，政府为此还动用了军队，罢工者被无情的子弹扫射。这次罢工事件持续了两年之久，成为美国工业史上最悲惨的一次斗争。

空气中到处都弥漫着怨恨的情绪，在这样的特殊时期，洛克菲勒希望得到工人们的理解，最终他的确做到了。他是如何做到的呢？下面就让我们来看一下。洛克菲勒用了几周的时间，终于和那些工人代表达成共识，并且在他们面前做了一次演讲。这次演讲带来了意想不到的效果，它不仅把已经点燃的那股几乎要把洛克菲勒吞没的怒火浇灭了，而且还为自己赢来了众多的追随者。洛克菲勒以谦恭友善的方式说服工人重新回到了工作岗位，而且再也没有人提加薪的要求。

我们来认真仔细看洛克菲勒是运用怎样的措辞，如何将友爱传达给那些几天前还视他为死敌的工人们的。他的态度极其友好宽容，那些传教士也不过如此吧。他使用了大量显得亲和的词汇，比如"很荣幸我可以站在这里""我已经拜访了你们的家庭，见过了你们的妻子和孩子，所以现在我们已经成为朋友，不再是陌生人了""双方共同的友谊""共同的利益""我今天能够站在这里，全凭你们的宽宏大量"。

洛克菲勒是这样进行演讲的：

> 对我而言，今天是个特别的日子。这是我第一次有机会同这家伟大公司的员工代表、主管以及负责人聚在一起。能够站在这里我感到非常的荣幸，我们这次相聚的这一场景我会用余生去铭记。如果是两个星期以前，在场的各位对我而言还并不熟悉。我只能认识你们当中的几位，就在上个星期，我有幸参观了公司在南方油田的营地，和今天在场的代表们一一见面交谈。我还拜访了你们的家庭，也认识了你们的妻子和孩子，所以现在我们并不是陌生人了，我们已经成为朋友。我们可以在很融洽的氛围下来谈谈我与大家之间共同的利益。

> 今天是公司职员和工人代表之间的聚会，很遗憾，我并不属于你们任何一方。我今天能够站在这里和大家交流，都是源自于你们对我的宽容以及恩惠。在我的内心深处感觉自己和你们是紧密联系在一起的，因为从某种意义上说，我同时代表着股东和理事会的成员。

这个例子难道不是化敌为友的最佳范例吗？

假如洛克菲勒采用了另一种方式，假如他和这些工人代表发生冲突并对他们出言不逊，假如他以一副管理者的模样来谴责他们不应该这样做，假如他列举出一大堆的事实来证明他们真的犯了错误，结果又会怎样呢？毫无疑问，这样只会让仇恨变得更深，工人们会更加愤怒，反抗情绪也会更加强烈。

如果一个人对你充满了怨恨，即使你用尽浑身解数也没有办法说服他站在你这边。不管你是喜欢呵斥孩子的父母还是盛气凌人的老板，或者是喋喋不休的妻子，你都应该知道人的思维是不会轻易发生变化的。你没有办法强迫他们认同你的观点，但是如果你用温和友好的态度，也许他们会不由自主地认同你的观点。

其实，早在一百多年前林肯就曾经提到过这一点，我们来看看他是怎么说的：

　　　"一滴蜂蜜要比一加仑胆汁更能吸引苍蝇。"对于人类，这句古老的格言也是同样适用的。如果你希望可以得到他人的认同，首先必须要让人把你当成最真诚的朋友，这就如同一滴可以俘获他人心灵的蜂蜜。只需凭借这一滴蜜，你就可以直接到达他的内心。

商界的行政主管都明白，用友好的态度去面对罢工者会为自己带来回报。面对2500名工人加薪和设立工会的要求，怀特汽车公司的总裁罗伯特·布莱克并没有大发雷霆，也没有威胁、谴责，更没有摆出一些大道理来震慑罢工者；相反，他还对他们进行了表扬。他在克里兰夫的报纸上发布了一则广告，表扬那些罢工者采用了"放下武器，以和平的方式争取利益"的方式。当他发现罢工纠察队员没有什么事情可做的时候，就为他们买来了棒球拍和手套，建议他们在空地上打棒球；他还租下了一个保龄球场，供那些喜欢打保龄球的纠察队员使用。

布莱克先生的友好举动为他换回了友好的回报。罢工的工人主动带来了扫帚、铁铲和垃圾车，把工厂附近的火柴、纸屑以及烟头都打扫得干干净净。想想看，罢工的工人在争取高薪和工会认可权利的同时竟然还会清理工厂的地面，让工厂保持干净，这样的事在美国漫长的工人斗争史上闻所未闻。这场罢工没有引发任何成见和怨恨，一星期之内，双方就通过和平协商的方式把问题解决了，没有任何人对此心怀不满。

丹尼尔·韦伯斯特是美国历史上最为人称道的一位辩护律师，他看上去就像上帝一样，说话总是用友好和善的口吻，但抛出的论点却强而有力，比如"我们把这个问题交给陪审团来定夺""这个问题值得我们深思""我相信下面的事实会让你感兴趣的""以你对人类本性的深刻了解，相信你一定知道这件事情意味着什么"。他不用恫吓、高压手段把自己的观点强加给对方，只以温和、平静、友好的方式赢得了所有人的认可，因此为人所知、为人所称道。

可能你会觉得罢工和出庭离你的生活非常遥远，你不会有机会对着评审团发表一段演说，但你可能会希望房东再降低一点房租。这种友善的交流方式可以派上用场吗？让我们一起来看看。

工程师斯特劳布在课上为我们讲述了他是怎样说服一位吝啬的房东给他降低房租的：

我给他写了一封信，告诉他等到房屋到期后我就不会再续租了。其实，如果他能再把房租降低一点的话，我还是会继续租的，但这也许不太现实，因为已经有别的房客跟他讲过价，但是最终都没有如愿。租客们都称这个房东一点人情味都没有，但是我对自己说："我现在不是正在学习交际的课程吗？不如我运用学到的知识在他的身上试验一下，就当练练手吧，看看能不能奏效。"

他刚收到我的信，就带着秘书过来找我。我打开门并热情地跟他们打招呼，礼貌地招待了他们。开始的时候我并没有说房租太高的问题，只是称赞他的公寓非常好，我特别喜欢。当时我真正做到了"发自内心地称赞，毫不吝惜地赞美。"我称赞他把公寓经营得这么好，还对他说我特别想再住一年，但是现在的房租会让我的生活非常紧张。

很显然，没有任何一个房客这么赞美过他，他似乎有些措手不及。

接下来，他开始向我倾诉起他的苦衷，告诉我总是会有房客抱怨他，曾经有一位房客给他寄过14封辱骂他的信，还有一位房客要求他必须制止楼上的人打呼噜，不然就立即毁约搬走。"能遇到你这样善解人意的房客，真是让人感到舒心啊。"他感慨道。然后，还没等我开口，他居然主动提出可以给我降低一点租金。但是我还是希望房租可以再低一点，就把自己能接受的价格告诉了他，他特别痛快就答应了。

在与我告辞的时候，他还转身问我："需不需要我给你的房间装饰点什么呢？"

假如我和其他房客一样，威胁或者强迫他把租金降低，那结果也会和他们一样，最终不能如愿。我之所以会取得成功，正是因为使用了这种对他友好的、发自内心的赞美的交流方式。

伍德科克在宾夕法尼亚州的一家电力公司担任部门主管。他们的部门接到了一项任务——对一根电线杆顶部的某种设备进行修理。之前，这个任务一直是由其他部门负责的，后来才转到伍德科克所在的部门。他们部门的员工虽然接受过这方面培训，但是并没有实际操作过。公司其他部门的人都想看看他们部门是否能够完成这个任务。伍德科克先生和几位下属主管，还有部门的所有员工到达了施工现场。他们把卡车和汽车停在一旁，开始观察电线杆上的两名操作员。

伍德科克向四周张望了一遍，发现远处有一名男子拿着照相机从车里钻出来，开始对着施工现场拍照。公共设施公司十分注重公关效应，伍德科克立刻意识到那名男子将会如何看待这一场景——这么多人都出动了，只是为了完成一项两个人就可以完成的任务。于是伍德科克穿过街道向那名拍照的男子走去。

"你似乎对我们的施工现场很感兴趣啊。"

"没错，但是我的母亲会更加感兴趣的。她手里持有你们公司的股份。这个场面一定会让她大开眼界的。她会觉得自己的投资并不明智。我之前就劝说过她，投资你们这样的公司就是浪费时间和生命，今天我终于有证据可以向她证明我是正确的了。我觉得报社也会对这样的照片感兴趣的。"

"看起来是这样的，对吧？如果换作是我，我应该也会这么想的，但是今天的情况有些特殊……"伍德科克告诉他，这次是因为他们部门第一次执行任务，所以部门主管和员工们都特别感兴趣。他告诉这名男子，通常情况下，这样的事情派出两个员工就足够了。男子终于把手中的照相机放下了，还上前和伍德科克握了握手，并且感谢他耐心地为自己解释当时的情形。

通过友好的交谈，伍德科克成功地帮助公司化解了一场危机。

来自新罕布什尔州利特尔顿的一名学员杰拉尔德·韦恩，在课上为我们讲述了他是如何使用友好的方式，把一场索赔纠纷的事情解决的：

　　早春时分，土壤还没有解冻的时候，迎来了一场暴风雨。雨水不能像以前一样通过附近的水渠和下水道排出去，全都流进了我家的建筑用地上，可是不久之前我在那里建了一座新房子。

雨水不能及时排出去，全部都积在我家房子的地基部位，整个地下室都是雨水，我家的火炉和热水器也被浸坏了。最后我总共花了2000多美元修复这次大雨造成的损失，而此类的保险我并没有购买过。

我很快就发现是由于房屋开发商并没有在我家附近安装下水道，才导致了这次的渗水问题。于是我约开发商面谈。在去往他办公室的路上，我认真思考了整个事件，也想到了在这门课上所学到的知识。我心里很清楚光靠发脾气是解决不了问题的，所以到达他办公室的时候，我表现得非常平静。我跟他聊起了他最近在西印度群岛的旅行情况，然后，我在恰当的时机跟他提到那次渗水的"小"问题。他立刻答应我会尽快解决这件事情。

几天后，他给我打来电话称他愿意赔偿我的损失，而且还会在我家附近安装下水道，避免再次发生类似的事件。

尽管这的确是房屋开发商应尽的职责，但如果我没有用友善的方式和他沟通，也很难让他承担全部的责任。

很多年前的少年时期，我每天都是光着脚丫去上学的，我要穿过丛林前往密苏里州西北部的一所乡村学校。记得那时我曾读到过一则关于太阳和风的寓言。

太阳和风争论谁更强大，风说："我更强大，你看见那个穿着大衣的老人了吗？我敢打赌，我可以比你更快把他的外套脱下来。"

于是太阳躲到了云朵后面。风用力地吹着，马上就要吹成龙卷风了；但是风越用力吹，老人就会把外套裹得越紧。

最终风停息了下来，只好认输了。这个时候，太阳从云后冒出了脑袋，微笑地看着老人。老人抹了抹额前的汗水，把外套脱了下来。太阳对风说，温柔和友爱总是会比狂躁和武力更强大。

懂得了一滴蜂蜜的秘诀之后，人们在生活中也会遵行温柔友善的准则。来自马里兰州的加尔·康纳刚买的新车总是不断出问题，这已经是他四个月内第三次到汽车售后服务部了。他在课上说道："很显然，责难、理论以及争执都没有办法让那位售后服务部经理帮我解决问题。"

我走进汽车的展示厅，要求和公司的负责人怀特先生见面。等了一会儿，我就被工作人员带到了怀特先生的办公室。我简单介绍了一下我自己，并且说我是通过朋友的推荐，知道他们这里价格实惠，服务也很到位，所以才选择在这里购买了一辆车。怀特先生听了这些，露出了微笑。接下来，我向他说明了我所遇到的售后问题，还补充说："我知道您特别注重自己的声誉，一定不会忽视对任何可能对公司造成不良影响的隐患。"对于我的提醒，他表示感谢，而且还保证一定会认真处理我所提出的问题。在我的汽车维修期间，他还主动把自己的车子借给我使用。

耶稣诞生600年前，克利萨斯王朝的一个奴隶伊索写了一部寓言故事，故事里面体现出了人性的真谛。可以看出，不管是在今天的波士顿、伯明翰，还是在2600年前的雅典，这都是无可非议的真理：太阳要比风能让人更快地脱下外套，善意友好、饱含赞美的交谈方式更加让人容易接受。

请记住林肯说过的一句话：一滴蜂蜜比一加仑胆汁更能吸引苍蝇。

让对方说"是"

与人交流的时候，不要着急把自己的不同见解表现出来。请先强调你赞同对方的哪些观点。如果可能的话，你要和对方说明你们的初衷和目的是一样的，你们的差异仅仅是方法不同而已。

努力让对方从一开始就对你表示认可，努力让对方说"是"，不要给对方说"不"的机会。奥弗斯特利特教授曾经说过，"不"字是最难逾越的障碍。当你说出"不"字的时候，你的自尊心就会迫使你言行一致。话刚出口，你就会下意识地捍卫它，可见尊严有多么珍贵。一旦挑明了立场，你就会为自己所说出的话硬撑下去。所以在开始与人交流的时候，最重要的是先认可对方的观点。

善于交谈的人总会在刚开始的时候就让对方点头称"是"，这样就可以奠定对方的心理基础，让对方的心理活动一直朝着积极的方向发展。这就像打台球一样，当你朝一个方向把球击出去，你就很难再让它改变角度，如果想让球反弹回来就更加困难了。

这种心理过程再清晰不过。当人们非常坚定地说出"不"的时候，他发出的不仅是一个音节，而是将汗腺、神经、肌肉系统全部都调动了起来，拼命地反对你的观点。往往没过多久以后，他会有想把"不"字撤回的倾向，你甚至都可以察觉出他已经后悔了。但是，他的整个神经肌肉系统都已经进入了抵抗模式，所以只会更加反对你的观点。相反，当一个人说了"是"，就不会引发这样的神经活动，整个机体便会呈现出一种积极的状态——活跃、很容易接受新的思想、不闭塞。所以，在刚开始谈话的时候得到的"是"字越多，你的观点被接受的概率就越大。

虽然这个交谈技巧并不复杂，但是往往被人们忽略。人们好像都很喜欢在开始的时候和他人持反对意见，借此获得一种"被重视"的感觉。

如果你的学生、顾客、孩子或爱人说了"不"字，那么，就需要你用过人的智慧和耐心，把他们的消极态度转变为积极的态度。

纽约市格林尼治储蓄银行的詹姆斯·艾博森就是运用了这一技巧让一位客户回心转意的。艾博森先生说：

有一位男士想要开户，我递给他一张表让他填写一些信息；但是他却拒绝回答一些问题，只填写了一部分的内容。

如果是在学习这门课程之前，我有可能会告诉这位潜在客户，如果不把所有的问题都填完，我们就不会给他提供开户服务了，在这之前我也是这样做的。现在回想起来，我真为自己之前的态度感到羞愧。这种居高临下的感觉给我带来了优越感，似乎可以证明我才是这里的主人。银行的规章制度是必须遵守的，但是对于储户来说，这种态度很显然没有让他们有"被重视"的感觉。

这天早晨，我决定运用一些简单的技巧。我不再说银行想要什么，而要从客户的角度来想问题。还有，我要让这位客户从一开始就说"是"。于是我就告诉他，刚刚没有填的地方实际上也不是必须要填写的。

"但是，"我说，"如果有紧急的情况发生，比如您一旦发生意外，但是您的钱依然还存在本行，您是否希望我们根据法律条款把这笔存款转到您的至亲名下呢？"

"是啊，当然了。"他回答道。

"所以，如果您把亲属的名字填写在上面，若遇到什么特殊情况，我们也好及时地为您服务，您觉得这样是不是更稳妥呢？"

他又说："没错。"

当他意识到银行需要他填写的这些信息是为了他好，是为了给他提供更好更全面的服务后，他的态度马上发生了变化。在离开银行之前，这位男士不但把信息完整地填写好了，并且还在我的建议下开了另外一个信托账户，并且补充了他母亲的相关信息。

我发现，如果从一开始就让对方说"是"，那么他就会忘记争议，并且会愉快地听从我的建议。

约瑟夫·埃里森是西屋电气公司的一名销售人员。在课上，他也为我们分享了他的经历：

我一直想把销售区域内的一家公司争取成为客户。之前负责这一区域的销售人员和他们洽谈了10年，最终以失败告终。我接任以后又和他们联系了3年，依然不见起色，一个订单都没有拿到。终于，经过13年的坚持推销，我成功地卖给他们几台电动机。假如这些机器正常运行不出什么差错的话，再向他们卖出几百台也不是什么难事。

会不会出什么差错呢？肯定不会。如我所料，3个星期以后，当我再次打通了那家公司的电话时。电话那边的人却对我说："埃里森，我们不计划继续从你们公司购买电动机了。"

"为什么？"我惊讶地问道，"能告诉我什么原因吗？"

"因为你们的电动机运行起来实在太热了，热得我无法把手放在上面。"

我绝对不能和他们争吵，因为我已经因为争吵吃过很多苦头。这一次，我想要尝试运用"是"的策略。

"史密斯先生，你的看法我百分之百赞同。如果机器在运行时特别热，你的确不应该再购买它。我想问一下，你们要求机器符合国家电器制造商协会的标准，是吗？"

他说是，于是我赢得了第一个"是"。

"按照国家电器制造商协会的规定，在电动机运行的时候，机器温度可以高出室温22摄氏度，对吗？"

"没错，"他表示赞同，"你说的没错，但是你们的机器要比这热得多。"

我并没有直接反驳他，只是问他："能告诉我你们厂房的室温是多少吗？"

"大约有24摄氏度吧。"

"那么，我说，室温24摄氏度，加上22摄氏度，加起来是46摄氏度。如果你把手放在46摄氏度的水管上一定会觉得很热的，不是吗？"他又一次说"没错"。"那么，"我建议说，"如果您不将手放在机器上，会不会好些呢？"

"我认为你说的有道理。"他表示让步。我们稍做商谈之后，他便让秘书和我签订了价值3.5万美元的订单。

这么多年以来，我曾经因为争执丢掉了数万美元的订单。现在，我终于意识到争吵是没有任何意义的。站在对方的立场去思考问题、让对方说出"是"，会让自己收获更大的快乐和利益。

埃迪·斯诺赞助了我们在加利福尼亚州奥克兰市的课程，在课上，他给我们讲述了这样一个故事：一位店主曾经使用"是"的策略，让他成了那家店的常客。埃迪特别喜欢弓箭狩猎，他花了很多钱从一家店里购买装备。一次，他的哥哥过来找他，他想给哥哥租一套弓箭。但是店员跟埃迪说他们店里不出租弓箭，埃迪只好再给另一家商店打电话询问。埃迪这样讲述：

电话那端是一个谈吐让人很舒服的先生，他给出了一个和前面那家商店完全不一样的答复。他表示很遗憾，由于他们的资金周转出了问题，现在他们不能出租弓箭了。然后他向我提问是不是以前租过弓箭，我说："不错，我在很久以前租过。"他提示道，之前的租金大约是25美元到30美元之间。我又回答："没错。"然后，他又问我是不是想节省点钱。我自然说："不错。"他解释道，现在他们的店里有售价34.95美元一套的弓箭，我只要支付高出租价4.95美元的价格就可以购买一套全新的弓箭了。他分析的有道理吗？当然有。

"是"的回应让我买下了一套全新的弓箭，而且我去他们店里提货的时候还顺便购买了一些其他商品。从那以后，我便成为他们店里的常客。

苏格拉底是有史以来世界上最有智慧的哲学家，有"雅典牛虻"之称。他做到了世上极少有人能做到的事情，就是改变了人们的思维。他去世2400年以后，还仍然被尊称为辩论界最令人信服的思想家。

那么，他究竟运用了什么样的方式劝导他人呢？他会直接指出他人的错误吗？这绝对不是苏格拉底的做事风格。他所采用的技巧是现代人传颂的"苏格拉底式教学法"，这种教学法正是构建于"是"的策略之上。他提问的方式极其巧妙，总是会先提问一些使对方不得不赞同的问题，然后得到一连串的"是"，从而得到对方的认可。他会不间断地提问，直到对方在不经意间得出自己几分钟前还不认可的结论。

下次如果我们想要指出对方错误的时候，请不要忘记苏格拉底的策略，就是温和地提出问题，一个可以让对方说"是"的问题。

中国有一句古话说得好：轻履者行远。

5000年来，中国人对人性的探索从未间断过，"轻履者行远"这几个字饱含着古老的东方智慧。

对待抱怨的安全方式

大多数情况下，人们通常都会喋喋不休地谈论自己的观点，借此获得他人的信服。不过，还是给对方一些时间，让对方把自己的想法说出来才是上上之选。因为对方比你更加了解自己的难处和问题所在，因此，不妨多向对方提问，让他们把答案直接告诉你，岂不是更好吗？

如果他人的观点你并不认同，你极有可能会打断他们。记住一定不要这样做，因为这很不明智，当他们有很多的意见和想法不能一吐为快的时候，根本不会注意到你说的是什么。所以，你一定要耐心地听完对方的话，一定要诚恳，还要鼓励他们把所有的想法和意见全部表达出来。

这样的方法同样适用于商业场合。让我们一起来看看下面的故事。一家很有名的汽车公司计划采购下半年的汽车椅套，有三家很有实力的供应商为他们送来了椅套样品。汽车厂商仔细做了检查，发现三家工厂的样品全部合格。汽车厂商向三家工厂发出通知，邀请三方各派代表来进行最后的谈判。

到达汽车公司的那一天，一位厂商代表不幸患了急性喉炎。在课上，他为大家讲述了这个故事：

> 轮到我发言的时候，我已经说不出话了，就连小声说话都很

困难。没有办法，我只好这样跟着接待人员进了会议室，纺织工程师、采购专员、销售主任以及公司董事长都站在我面前。我站在那里，努力开口说话，却发不出来声音。

他们围坐一张桌子边，我在一张纸上写道："不好意思，各位先生，我的嗓子出了问题，说不出话来。"

"我想我可以代替你来说。"公司的董事长说道，他真的这么做了。他把我的样品拿起来，逐一把它们的优点指出来。接下来，在场的人对样品的优点进行了分析。整个过程中，董事长一直都在扮演我的角色，而我只是在那里微笑、点头。

这次特殊的讨论会的结果是，他们竟然和我签下了一笔价值160万美元的合约，这笔订单是我有史以来拿到的最大订单。

如果那天我的嗓子没有出现问题，也许就会失去这笔订单，因为在那之前我对整个展示环节的理解都是错误的，我总是想着自己要掌控整个场面。通过这次特殊的经历，我明白，把他人看作交谈的主要人物，可能结果更出乎你的意料。

让对方成为你们交谈的主要人物，这一点也同样适合家庭生活。芭芭拉·威尔逊的女儿劳拉小的时候特别乖巧、文静，但是长成大孩子以后却变得极其叛逆。威尔逊太太想尽各种方法来教导她，有时候甚至威胁她、惩罚她，都无法让她改变分毫。威尔逊太太对我们说：

有一天我决定放弃对她的责备。那天劳拉还没有完成家务就去和朋友聚会了。以前出现这样的情况，等她回到家后我都会朝着她大喊，但是那一天我完全没有了耐心和力气，只是难过地看着她，问道："为什么会变成这样？劳拉，为什么呢？"

劳拉感觉我和平时不一样，她反问我："你真的想知道吗？"我点了点头。劳拉迟疑了一会儿，便把心里的话全部都说了出来。她说我总是命令她要这么做那么做，从来都没有考虑过她的感受。每次她想对我说出自己的想法时，总是会被我强而有力的语气打断。现在我终于明白，她需要的并不是一个强势霸道的母亲，而是一个可以倾听她成长中所遇到的各种难题的朋友。

从那以后，我总是会努力积极地倾听她的心声，无论她有什么想法我都会认真倾听，从此我们的关系缓和了很多。现在，她已经顺利度过叛逆期了。

纽约一家公司在当地的报纸上刊登了一则招聘信息，希望可以聘请到一位才华出众、经验丰富的人才。看到这个消息，查尔斯·库贝利立即投递了简历。几天以后，他收到了这家公司的面试邀请函，我们来看看他是怎样做面试准备的。面试之前，他来到华尔街，花了大量时间来打听这家公司总裁的创业经历。参加面试的时候，他对总裁说："我非常庆幸自己可以有机会来到贵公司面试。我听说28年前您刚开始创业的时候，公司只有一间办公室和一名速记员，这是真的吗？"

所有的成功人士都喜欢追忆过去的奋斗史，这位总裁也一样。他向库贝利讲起了当年是如何凭借着450美元和自己的聪明才智创业成功的。当年他面对着各种压力，夜以继日地工作，没有周末和节假日。最终他战胜了所有困难，事业一天一天地好起来。如今他事业有成，就连华尔街最有名的总裁都会有很多问题向他请教。他在回忆的时候神采飞扬，忍不住为自己感到骄傲，他也的确有理由感到骄傲。最后，他简短地询问了库贝利的工作经历，便把公司的副总裁叫过来，说道："我觉得他就是我们要找的人。"

在交谈的过程中，库贝利让他人成为交谈的主要人物，向他人表示关心和崇拜，最终自己也得到了他人的认可。

罗伊·布兰德利来自加利福尼亚州，他遇到的情况正好与之相反。他当面试主考官的时候，仅靠倾听就为公司纳得了贤才。罗伊讲述道：

> 我所服务的是一家小型公司，公司没有医疗保障以及退休金之类的福利。公司里的每一个销售人员都是独立的经纪人，我们更没有办法像大公司那样为他们规划前景，甚至提供广告宣传。
>
> 理查德·普莱尔身上具备我们公司所欣赏的特质。他的第一轮面试是我的助手负责的，面试时已经把公司的不利因素向他说明了，所以当他走进我的办公室时看上去有些沮丧。我对他说，加入我们公司有一个非常有利的条件，就是自己可以成为一名独立的合伙人，也就是说自己可以做自己的上司。
>
> 谈到这里，他吐露了自己内心的想法，还对我说了在他走进来接受我的面试之前他对公司的各项不利因素感到担忧。有的时候我感觉他似乎是在整理自己的思路。有那么几次，我都想要开口修正他的说法，但是我努力克制住了。当这次面试结束的时候，他说服了自己，决定到我们公司来工作。
>
> 由于我非常认真地倾听他的诉说，他才会把他所顾虑的问题一一说明，我再给他时间让他衡量利弊，最终他心里的顾虑去除了，决定来我们这里"迎接挑战"。现在，他已经成长为我们公司一位十分杰出的销售人员。

即使和好朋友一起交谈时，大家也都希望自己可以成为交谈的主角，而不是倾听对方一味地自夸。法国哲学家拉罗什福科说过这样的话："如果想要树敌，就要胜过你的朋友；如果想要交朋友，就让你的朋友胜过你。"

这是什么原因呢？因为当你的朋友超越你的时候，他们就会有"被重视"的感觉；当你超越你的朋友时，至少他们中的某一部分人会觉得自卑，从而对你产生嫉妒。

汉丽埃塔在纽约的一家人力资源公司工作，是公司最受欢迎的职业顾问，但是她之前并不招人喜欢。在她刚开始进入公司的几个月，她一个朋友都没有交到。什么原因呢？因为她总会向大家炫耀自己的业绩，比如她一共完成了多少案子、开设了多少账户等等。汉丽埃塔跟我们讲述：

在工作上，我特别的出色，为此，我感到非常骄傲。但是我的同事并不为我高兴，他们好像对我一点好感都没有。我不知道我怎么做才能和他们融洽相处。学习了这门课程以后，我明白了自己应该少说话、多倾听。我发现，同事们也喜欢炫耀自己的业绩，也喜欢讲述自己的事情，也喜欢别人认真地倾听。现在，每当我和他们在一起交流的时候，我都会主动分享他们的喜悦，而不是跟他们谈论我的成绩，只有他们主动问我，我才去说。

让对方觉得自己最聪明

　　和别人所叙述的相比，你是不是更相信自己努力得出来的结论呢？如果答案是肯定的，那么我们为什么要把自己的观点随便强加给他人呢？帮助对方下定论并且引导对方跟着你的思路走得出结论是不是很不明智呢？

　　阿道夫·塞尔兹在费城的一家车行担任销售经理。近些天，他手下的销售人员一直很消沉，行动也很散漫。他想帮助他们提高积极性，所以他便召集会议，询问大家都有什么期望。大家对他说出了自己的想法，他还把要点记录在黑板上面。他说："你们所提出的要求我会努力做到的。现在请大家告诉我，我应该对你们有什么期望？"很快，他得到了大家的回复：诚实、忠诚、积极向上、乐观、团队精神、充满热情地工作。这次会议结束后，所有人都干劲十足，精神面貌也有了很大的改善，还有一名员工自愿每天工作14个小时。塞尔兹先生说，自那以后，部门的业绩有了显著提升。

　　"我和员工们达成了一种道德交易，"塞尔兹先生说道，"如果我兑现了我的承诺，他们同样也不会辜负我。我给他们提供了说出期望的机会，毫无疑问，这种方法对他们是绝对奏效的。"

　　我们不喜欢别人强行把东西卖给自己，也不喜欢别人逼迫我们做某事。我们希望可以购买自己喜欢的东西，可以做自己喜欢做的事。我们希望别人关心我们的想法和愿望。

再来看看尤金·维森带给我们的事例，在懂得上述的道理之前，他损失了数万美元的佣金。维森先生从事的工作是图案设计，他需要把设计好的图纸向服装设计师和生产商推荐。3年来，维森先生多次去拜访一位顶尖的服装设计师。"他从来都不会对我置之不理，但是他也没有买过我一张图纸。他每次都会仔细地审视我的图纸，看后对我说：'维森，可能我们的想法不太一致。'"

历经了150次失败，维森终于意识到自己陷入了思维惯性。所以，他决定每周拿出一个晚上的时间来学习我们的课程，希望可以对他有所帮助。下面我们来看看我们的课程是否可以将他的灵感和热情激发出来。

现在，维森重新整理了思路，并采用了新的方式。他带着一张尚未完成的图纸来到那位设计师的办公室。"希望您可以帮我一个忙，"他说，"我拿的这些图纸都是没有完成的作品，您能告诉我您心目中的理想图稿是什么样吗？"

设计师接过图纸认真看了很久，开口说道："维森，把它们暂时放在我这里几天吧，回头咱们再谈。"

几天后，维森如约过来的时候，设计师对他说了自己的想法。维森把图纸收回去，又按照设计师所提出的要求进行了绘制。结果如何呢？全部的图纸都通过了。

从那以后，这位设计师成了维森这里的常客。他不断地从维森那里订稿，维森也一如既往地按照他的要求进行设计。"我现在终于明白之前为什么总是失败了，"维森说，"以前，我推销给他的都是我觉得他会喜欢的东西。现在我改变方式，让他自己说出他想要的风格，这会让他有一种自行创作的感觉。所以我用不着向他推销，他自己就会主动把这些图纸买下的。"

让他人觉得这是依照他的想法所为，这种方式不但适用于商业以及政治领域，对于家庭也同样适用。来自俄克拉荷马州的保罗·戴维斯给我们分享了他的故事：

> 我们全家刚刚度过了一个非常愉快的假期，去了很多好玩的地方。但是在出发前，我们一家人的意见发生了冲突。我一直想去参观葛底斯堡的战争遗址、费城的独立厅，还有首都华盛顿。瓦利福奇村、詹姆斯镇、威廉斯堡的殖民地遗迹等地也是我想去的地方。

> 在这之前，我的妻子南希就已经把暑期的安排计划好了。她希望可以去西部的一些州看看，比如新墨西哥州、亚利桑那州、加利福尼亚州和内华达州等地，这些地方她已经期待了好几年了。现在问题出来了，我们不可能让两个人的愿望都得到满足。

> 那个时候，我们的女儿安妮正在读初中。她刚在学校了解了美国历史，对那些国家历史的遗址非常感兴趣。我问她这个假期想不想去课本中所了解的地点去考察一番，她简直开心极了。

> 两天以后，我们一起吃晚饭的时候，南希对全家人说道，如果大家没有更好的建议的话，这次假期就去东部各州去参观历史遗迹。这样不但对安妮的学习有好处，对我俩来说也算是一次美好的旅行。全家人都对这个提议表示认同。

X光设备的生产商为了可以争取到布鲁克林一家大医院的订单，使用了这样的心理战术。这家医院正在扩建，打算为医院配置美国最先进的X光设备。听到这个消息，无数销售人员给X光诊疗室的主管L医生打电话推销自己的公司的产品。在电话里，他们都会大力地称赞自己公司的设备，希望可以和医院建立合作关系。

但是其中有一位销售人员特别懂得运用沟通的技巧，相比大多数竞争对手，他更了解人类的本性。他给L先生写了这样一封信：

本公司最近刚生产了一批新一代的X光设备。第一批货刚刚送达分销处。我们知道它的设计并没有达到完美，所以，我们恳请您贡献出一点宝贵时间前来指导，以便我们生产出更加符合您需要的设备。我们知道您的时间很紧张，所以如果您方便的话，我们派车前去接您。

L医生会有怎样的反应呢？下面是他在课堂上的讲述：

这封信使我感到很震惊，准确地说，是一种震惊和喜悦掺杂在一起的感觉，因为一直以来从来都没有哪家X光设备生产商向我征求过意见。我突然有一种被重视的感觉。那段时间我每天晚上都有很多事情要处理，但是为了到他们那里去查看设备，我将一个饭局推掉。没想到我越是仔细查看，越觉得自己喜欢他们的设备。

从始至终，这家公司没有人向我推销产品，我决定购买他们的设备完全是出于我的自愿。他们的设备质量也的确很好，所以我很坚决地下了订单。

爱默生在《自信》一文中写道："在每一部伟大的作品中，我们都会找到曾经被自己摒弃的思想。这些思想最终总会带着某种疏远的尊严，重新回到我们的面前。"

伍德罗·威尔逊任总统期间，爱德华·豪斯上校在美国政界和国际社会都具有很强的影响力。每当威尔逊遇到解决不了的问题时总是会找豪斯上校寻求建议，就连他的内阁成员都无法和豪斯上校相提并论。

那么，总统为何偏偏听从豪斯上校的建议呢？很庆幸答案我们已经找到了：豪斯上校曾经把他的秘诀透露给了阿瑟·豪顿·史密斯，史密斯在《星期六晚邮报》的一篇文章上面引用了豪斯上校的原话：

> 当我对总统的性格进行了深入的分析后，我发现说服他最有效的方法，就是如果希望他接受某个主意，就要先不经意地提起这个主意，让他产生兴趣，然后再给他时间自己思索。第一次使用这个方法纯属偶然。当时我正造访白宫，试图说服总统认可一项政策，在这之前他似乎对这项政策一直都比较排斥。但是在几天后的餐桌上，我惊讶地听见他把我的建议当作自己的想法说了出来。

豪斯会不会当场打断总统的话，并说"这个主意不是您的，是我的"呢？当然不会，聪明的豪斯绝对不会这样说的。他认为事情的结果要比自己的声誉重要得多。所以，他不但让威尔逊认为这是他自己的主意，甚至还公开称赞总统的见解独到。

在日常生活中，我们所遇到的每一个人都和伍德罗·威尔逊一样，都存在着人性天生具有的弱点。所以，豪斯上校的技巧适用于我们所有人。

一位加拿大商人运用了同样的技巧，赢得了我的认同。我当时正打算去加拿大新不伦瑞克省钓鱼，于是我便写了一封信寄给当地的旅游局，向他们咨询相关信息。很显然，他们把我的姓名以及住址透露给了商家，很快我便收到了很多本宣传册，里面都印着推荐营地和导游广告。正在我不知如何做出选择的时候，我发现其中一个营地的主人使用了一个很聪明的方法：他把之前在他们营地居住过的纽约游客的姓名以及电话号码附在了信件中，让我自己打电话向他们询问。

我意外地发现名单上面竟然有一个我认识的人，所以我就给他打电话询问了他的看法。接下来，我便打电话联络了那家营地，定下了自己的行程。

当其他的商家还在想方设法向我推销他们服务的时候，只有这一家让我主动"送上门"。2500年前，中国圣贤老子曾经说过这样一段名言，现在看来依然有道理，这段话是：

江海之所以能为百谷王者，以其善下之，故能为百谷王。是以圣人欲上民，必以言下之；欲先民，必以身后之。是以圣人处上而民不重，处前而民不害。

学会换位思考

一定要记住：一个人即使真的做错了，他也绝对不会认为自己有错。所以千万不要去指责他，而要把自己看成一个睿智、宽容、杰出的人物，尝试着去理解他。

人们的一切想法和行为都是有一定依据的。只要找到根源所在，你就可以理解他的行为，甚至还能看清楚他的人格。所以，记得要站在对方的立场去想问题。

试问一下自己："如果我是他，我会有什么样的反应，我会怎么做呢？"这样做是在为自己节省时间，也避免了不必要的麻烦，因为"一旦了解了其中的原因，我们就不会再纠缠结果了"。只要意识到这一点，你与他人相处起来就会更加的轻松自如。

肯尼斯·古德在他的作品《点人成金》中写道：

> 不要着急，你对个人事务有多热忱，就对周围事物有多冷漠。你会发现，世界上所有人都是如此。你会像林肯与罗斯福一样，知道如何处理人际关系，所以成功处理人际关系的重要因素就是和他人的观点达成一致。

纽约州的山姆·道格拉斯总是抱怨妻子在打理草坪上面浪费了太多的时间：她总是不停地清除杂草、施肥，每周都要修剪一次草坪。

但是，草坪看上去并没有比4年前刚搬来时美观。对这样的评价，妻子自然不高兴；每次丈夫抱怨的时候，一个本来很美好的夜晚就在争吵中度过了。

学习了我们的课程以后，道格拉斯终于意识到自己有多么的不可救药：他竟然不知道妻子乐在其中，妻子肯定希望得到丈夫的认可，以及对她辛苦劳作的赞美。

一天吃过晚饭以后，妻子说她想去给草坪除杂草，还让道格拉斯陪着她一起去。刚开始，道格拉斯并没有同意，但他马上就意识到自己错了，于是便去陪妻子除草。他发现妻子那时很开心。他们俩一边聊天一边干，才用了一个多小时就把这项繁重的任务完成了。

从那以后，道格拉斯经常陪着妻子一起打理草坪。他开始认可妻子的辛勤付出，并称赞妻子把草坪修剪得太整齐了，还说妻子能在这样贫瘠的土壤中种出这么多漂亮的花花草草真是太厉害了。结果如何呢？他们的日子过得更加幸福了，因为他终于知道站在妻子的立场去看待问题，即使那问题只不过是清除一些杂草而已。

杰拉尔德·尼伦伯格博士在他的作品《获得他人的理解》中写道：

> 如果想让他人和你倾心交谈，那么请你像重视自己的感受一样重视他人。在开始交谈的时候，你就要把谈话的意图以及目的告诉对方。在开口交谈之前要先思考一下，先把自己当成那个倾听者试想一下，你希望听到哪些话。如果想让对方愿意接受你的观点，那么你就要先接受对方的观点。

我一直都很喜欢到离我家不远的一个公园里面散步或者骑自行车。就如同高卢的德鲁伊教徒一样，我也渴望找到一棵神圣的橡树。但是，结果却令我很失望，我发现公园里的小树苗和灌木丛经常被火烧毁。大火并不是由烟头引发的，而是那些在树下野炊的孩子们造成的。有时火势特别猛烈，只有让消防部门来处理。

公园里有一块警示牌，上面标有"注意防火"字样，上面还很清楚地写着纵火者会受到严重惩罚或者被判入狱。但这块警示牌立在了一个人很少光顾的地方，人们几乎看不到它。本来公园里还有一位骑马的巡警，但是由于他的玩忽职守，火灾经常发生。有一次公园里失火正好被我碰上了，我就立刻找到了那位巡警，告诉他公园里的火势正在蔓延，提醒他快点联系消防部门。他竟然说这不是他应该负责的事，这并不属于他的管辖范围！我感到失望至极。从那以后，我每次去公园里骑自行车的时候都会主动担起保护公园的责任。开始时，我并不知道要站在对方的立场去想问题。每次我看见树底下燃起火苗的时候，就会愤怒地冲上前去警告那些孩子，纵火是犯罪行为，如果严重的话是要进监狱的，还命令他们立即把火熄灭。如果他们不听从我的劝告，我就用逮捕来恐吓他们。我的这些行为只是在发泄自己的不满情绪，并没有站在他们的立场去想问题。

孩子们会听从我的命令吗？他们情绪非常低落，硬着头皮把火熄灭了。但是，当我骑车从这里离开以后，也许他们会继续点起火，恨不得把整个公园都烧光。

随着年纪的增长，我更加懂得了为人处世的方法，也知道要站在他人的立场去想问题。所以我不会像从前一样盲目地去命令他们，而是走到孩子们身边对他们说：

孩子们，你们玩得很开心，是吗？你们想要在这里做些什么吃的？我很小的时候也喜欢野炊，现在也特别喜欢，但是我们都知道在公园里面生火是一件多么危险的事情。我知道你们会注意的，但是其他的孩子就不能保证了。看到你们在这里生火，他们也会学着玩的，走的时候还总是忘记熄灭火，这样很有可能会把干树枝点燃的。如果任其不管的话，这里的树木就会全部被烧光的。如果后果严重的话，纵火者可是要去坐牢的！我并不是在制止你们，看到你们玩得开心我也很高兴，但是现在你们可不可以把火堆旁边的树叶都扫到一边去呢？你们走的时候会不会记得用土把火扑灭呢？如果下次再来这里野炊，你们会不会去那边小山丘的沙坑里面生火呢？那样就不会引发火灾了。孩子们，谢谢你们的配合，希望你们玩得开心。

听到这样的一番话后，孩子们很积极地配合了，因为他们是出于自愿的，所以不会有任何不满情绪。这番话并没有让他们觉得丢面子，我自己也感到很满意，因为我终于学会站在他们的立场去想问题了。

站在他人的立场去想问题同样也能缓解个人危机。澳大利亚新南威尔士州的伊丽莎白·诺瓦克正在为已经拖欠了6周的车款发愁。她说：

一个星期五，我接到了一个催款电话，打来电话的人语气很生硬，毫不客气地对我说，如果在下周一之前我还没有支付122美元，他们公司就要采取进一步的行动，甚至还会对我进行起诉。而我真的无法在一个周末就把这笔钱凑齐。星期一的早晨他又一次打来电话时，我已经做好了最坏的打算。我开始尝试着站在他的立场去想问题，真诚地为自己的欠款向他说声对不起，并表示自己给他们带来很多不便，一定是他所遇到过的最麻烦的客户了，因为这也不是我第一次欠账了。

听到我这么说，他的语气马上变得和气了很多。他说和那些真正让他们头疼的客户相比，我已经好很多了。他还给我列举了几个例子，说那些客户是怎样的粗鲁，经常对他撒谎，还总是想方设法不和他们正面交谈。我什么都没有说，只是静静地听他诉说自己的苦恼。最后，我还没有开口求情，他就主动跟我说车款可以不用立即还清，只要在月底前能先付20美元，其余部分什么时候宽裕补上就行。

如果你希望他人扑灭火苗、购买你的产品或者向你心仪的慈善机构捐款，请不要急于行为，尝试着先停下来，把眼睛闭上，站在他人的立场来思考问题。先问一问你自己："他为什么想做这件事？"尽管这样的思考需要花费一些时间，但是它可以使你不与他人为敌，会使你和他人之间减少一些摩擦，减少一些碰撞，从而达到你想要的效果。

哈佛商学院的院长敦汉姆曾经说过："在真正面试之前，我宁可在面试官的办公室外面思考两个小时，也不会在自己还没有构思好应该怎么说或者在没有搞清楚面试官的兴趣和动机之前就走进他的办公室。"

这段话很重要，我想在此强调一遍：

在真正面试之前，我宁可在面试官的办公室外面思考两个小时，也不会在自己还没有构思好应该怎么说或者在没有搞清楚面试官的兴趣和动机之前就走进他的办公室。

读过这本书后，即使你只记住了一点——站在他人的立场和角度思考问题，并且在行动中运用，你的职业生涯也会因此变得更加轻松。

与他人充分共情

有这样一句神奇的话，它能够平息争执、消除猜忌、引发好感，并且还会使他人认真地倾听你的诉说。知道这是一句什么话吗？

请记住，这句话就是："你的观点我一点都不否认。如果换作是我，我也会和你有相同的感受。"

听到这样的话，即使脾气再差的人都不会生气的。你完全可以毫无保留、发自内心地说出这句话，因为换作是你，你也会和他有同样的感受。如果你是拿艾尔·卡彭，也有着和他同样的身体、同样的头脑和性格，拥有和他一样的生长环境和经历，那么你也会做出和他一样的事情来。他之所以是他，完全是因为上面所列的因素造成的。

可想而知，你的成功其实跟你并没有太大的关系。一定要记住，你遇到的那些脾气暴躁、心胸狭隘、蛮不讲理的人之所以会变成那个样子也不能全怪他们。请怜悯这些可怜的人，还要提醒自己："对待这样的不幸之人，我要更加宽容才对。"

在你所遇到的人中，百分之九十的人都渴望得到怜悯。所以，请给他们一些怜悯和同情吧，他们一定会特别感激你的。

我曾经在一次电视台节目中，给听众介绍了《小妇人》的作者路易莎·梅·奥尔柯特。我知道她这部巨著的创作是在马萨诸塞州的康科德完成的，但是我在说到她家乡的时候出现了口误，竟然说成了新罕布什尔州的康科德。不只是一次说错了，我竟然说错了两次。很快，大批量"轰炸"信件和电报纷纷而来，批评就如同成群结队的大黄蜂一样，伤人的话语在我的脑袋旁边不停地嗡嗡作响。对此我没有丝毫的心理准备，我的心里一阵阵剧痛。一位在马萨诸塞州康科德长大、现居住在费城的贵妇气势汹汹地给我写了一封信，其言辞之激烈就好像我把奥尔柯特小姐当成了新几内亚的食人族。我一边读着那封信一边对自己说："感谢上苍！多亏这个女人不是我的老婆。"我特别回信对她说，虽然我犯的是一个地理性错误，但是她连最基础的礼节常识都不懂。这句话还只是信的开头而已，接下来我还会挽起袖子把我的真实想法全部都写上去呢。值得庆幸的是，我并没有那么做。这样的话只有傻瓜才会说——没错，也有很多傻瓜这样做了。

但是，我不要做傻瓜，我决定做一件更有挑战性的事情，我要化敌为友。对我而言，这可以说是一个挑战，也可以说是一场游戏。我暗暗地想："如果换作是我，我的感受也会和她一样。"所以我决定认同她的观点。后来我有一次路过费城的时候，特意给她去了一个电话。下面是我们之间的对话：

　　我：您好，女士。几个星期前我收到了您的一封信，我这次打电话的主要目的就是要向您说声"谢谢"。

　　她：告诉我您的尊姓大名？（语气礼貌而干脆）

　　我：您也许不认识我，我是戴尔·卡耐基。几个星期前的电视节目您还记得吗？在节目中，我介绍了路易莎·梅·奥尔柯特，我当时犯了一个很严重的错误，就是把她的家乡说成了新罕布什尔州的康科德，为此我感到十分的抱歉。您简直是太好了，百忙之中还写信给我。

　　她：哦，很抱歉，卡耐基先生，在信中我对您肆意指责了，为此我表示愧疚。

　　我：不不不！应该道歉的是我，而不是您。那是小学生都不会犯的错误，我竟然还说错了。后来我在节目当中也道过歉了，现在，我想以个人的名义真诚地对您说声对不起。

她：我是在马萨诸塞州的康科德出生的，一直以来，我的家族在马萨诸塞州名望都非常高，所以我一直以我的家乡为荣。当时我听见您说奥尔柯特小姐来自新罕布什尔州的时候，我的心痛极了。但是我还是要为我写的那封信向您道歉。

我：我向您保证，我比您还要更加难过。我所犯的错虽然没有伤害到马萨诸塞州，但是却伤害到了我自己的名声。像您这样有才识和身份的人能抽出时间给我写信真是让我受宠若惊。下一次如果发现我又说错话，希望可以再次收到您的来信，让我有机会纠正错误。

她：言重了，我真的很欣赏你这样的态度。你一定是一个好人，我非常高兴会有机会与你交流沟通。

因为我站在她的立场向她真诚道歉并表示理解，所以她也向我道了歉，也反过来站在我的立场并表示理解。我很庆幸自己当时控制住了情绪，以友好的方式回报辱骂，我对自己这种表现非常满意。如果当时我直接对她说"你去跳江吧"，那么又能给自己带来什么好处呢？

每一位美国总统都会遇到各种让人为难的人际问题，塔夫脱总统也不例外。经验告诉他，对于那些不愉快的情绪，同情能起到关键性的调节作用。在其著作《服务伦理》一书中，塔夫脱总统记录了他的经历，用很风趣的手法叙述了自己怎样使一位气势汹汹的母亲平息了心中的怒火。他写道：

华盛顿的一位夫人，她的丈夫在政坛很有影响力。她多次过来找我，希望我可以在政府给她的儿子谋个一官半职。参众两院的很多议员都替她说好话。但是她要求的那个职位对专业技术的要求特别高，所以我最终依照该部门负责人的建议，聘用了另外一个人。那位母亲知道消息后立即给我写了一封信，指责我忘恩负义，明明轻易就能做到的事情我都不愿意帮她。她还抱怨说，她还曾和州代表努力协商，让他们支持我所提出的一个行政法案，但是我最终却以这样的方式报答她的好意。

当你在收到这样一封信的时候，你的第一个反应就是要用什么样的方式对待这种言辞无礼、蛮横不讲理的人。你如果是一个聪明的人，你一定会把这封信锁进抽屉，等两天后再拿出来，而且这样的信件过两天再回复也没有什么关系。因为过了两天，也许你就不会再用愤怒的语气回信了，我就是这样做的。

两天以后，我便静下心来，尽量使用礼貌用语来给她回信。我表示理解她作为一位母亲的失望和伤心，但是一个职位的任命并不是完全取决于我一个人，我也要按照部门负责人的要求选出一位能够在专业技能方面能胜任的人。我还衷心地祝愿她的孩子在现在的岗位上可以做出好的成绩，不辜负母亲的期望。这封信熄灭了她的怒火，后来，我又收到了她给我的一封表示歉意的信。

实际上，那个职位的任命并没有立即确定下来。几天后，我又收到了一封以她丈夫的名义写的信，其实这封信的笔迹和前几封信一模一样。信中说，由于妻子对我十分失望，她患了一种非常严重的胃病，一直卧床不起，希望我可以撤销对那个人的任命，让他的儿子来顶替那个职位，从而消除她的痛苦。所以我还要再回一封信，当然，这次的信是回给她丈夫的。我非常理解他对妻子病情的担忧，并表示但愿是诊断失误，但是那个人的职位候选已经确定了，肯定是不能更改的了。很快，新人便顺利到岗了。两天后，白宫举办了一场音乐会，在音乐会上第一个向我和我的夫人问候的就是这对夫妇，即使在几天前这位夫人还卧床不起呢。

　　杰伊·曼格姆是俄克拉荷马州塔尔萨市一家电梯维修公司的负责人，一家豪华的宾馆和他们公司签有维修合同。有一次，宾馆的电梯需要暂时停用8个多小时进行维修，但是宾馆的经理表示不能让电梯一次停用两个小时以上，那样会给客人带来不便。他建议可以分次进行维修，但是这样一来，安全问题就无法得到保障，维修工人也不可能按照宾馆安排的时间随时维修。

　　在这种情形下，曼格姆先生安排了一名技术一流的维修工负责此事，然后和宾馆的经理通了电话。他并没有直接和对方争论，或者要求对方必须保证8个小时，他是这样说的：

　　　　瑞克，我知道你们工作繁忙，客流量也特别大，所以你想把维修时间压缩到最短，这一点我表示理解。我们也希望以最大努力为你们提供方便。可是你们的电梯必须要进行大检修了，如果这一次检修没有完成，下一次还会出现更大的问题，维修的时间也只会更长。相信你也不希望看到客人连续多天都没有电梯可乘吧。

　　这位经理也知道连续8个小时一次性地完成维修的确要好过多次维修。曼格姆先生对经理为客人着想表示理解，也表示了对现状的同情，所以最终宾馆经理高兴地接受了他的提议。

　　乔伊斯·诺里斯是密苏里州的一位钢琴教师，她为我们讲述了她和青春期女孩之间的小碰撞。她的学生芭贝特很喜欢留长指甲，对于希望可以弹一手好钢琴的人来说，这是一个很不好的做法。诺里斯女士说：

　　　　我知道她的长指甲会阻碍她的发展，在跟她的课前谈话中，我并没有提她的长指甲问题，因为我想那样可能会使她对学钢琴失去兴趣，我也知道花很长时间精心呵护的长指甲一定让她引以为傲。

在她的第一次课程结束的时候，我找了一个合适的机会对她说："芭贝特，你的手指真漂亮，指甲也很闪亮。但是你会发现，如果把指甲剪短一些，学起钢琴来就会更加轻松，一定会像你所期望的一样弹得一手好钢琴。请认真地考虑一下，好吗？"她立即向我做了一个鬼脸，表现出有点不情愿的样子。我又向她的妈妈说明了一下，并且又一次称赞了芭贝特的漂亮指甲。她的妈妈看上去也有些为难，可以看出，芭贝特把这一手漂亮的指甲看得有多么重要。

结果完全出乎我的意料，在芭贝特的第二节钢琴课上，我惊喜地发现她竟然把指甲剪短了。我称赞她为学钢琴做出如此大的牺牲，也对她的妈妈督促她剪指甲表示感谢。她妈妈说道："我什么都没有做，是她自己做的决定。她还是第一次这样听别人的建议把指甲给剪了呢。"

诺里斯女士并没有威胁芭贝特，也没有说不想教一个长指甲的女孩弹钢琴。相反，她称赞芭贝特的指甲很漂亮，但是如果想要弹好钢琴就得把漂亮的指甲剪掉。她传达了这样的信息："我非常理解你，我知道对你来说把长指甲剪掉并不是一件容易的事情。可是你将漂亮的指甲舍弃掉，却会在学习钢琴上面得到丰厚的回报。"

美国第一位演出经纪人索尔·胡洛克和夏利亚宾、伊萨多拉·邓肯、巴甫洛娃等世界有名的艺术家打了半个世纪的交道。胡洛克先生叙述说，他通过和这些情绪变化无常的大明星相处，学到的最重要的一点就是理解，理解他们的性情和他们独特的行为方式。

费尔多·夏利亚宾是著名的男低音歌唱家，胡洛克给夏利亚宾当了3年的经纪人。夏利亚宾的歌声曾经受到无数富豪的大力追捧。但是在现实生活中，夏利亚宾就像一个被宠坏的孩子。胡洛克曾经这样评价过他："不管从哪个角度去看他，他似乎都是一个刁蛮的恶魔。"

有一次，夏利亚宾在演唱会那天中午给胡洛克打电话说："索尔，我现在感觉非常糟糕，我的嗓子非常难受，今天晚上我无法唱歌了。"胡洛克会去找他理论吗？不会的，他知道作为一个合格的经济人，是不可以用那样的方式去对待一个艺术家的。他马上到达夏利亚宾所下榻的宾馆，用有些哀伤的口吻对他说："实在太遗憾了，我可怜的朋友，你这样肯定不能唱歌了，我现在就去把这场演出取消。这只不过是几千美元的损失而已，和你的名声相比，这点损失实在不值一提。"

夏利亚宾哀叹一声说道："5点钟的时候你再过来一下吧，我想到那个时候我会感觉好多了。"

5点钟到了，胡洛克又一次来到宾馆，又一次使用同情的语调建议将演唱会取消。可是夏利亚宾又叹了一口气说："晚点你再过来一下吧，我想到那时我的嗓子也许就会好了。"

7点半的时候，这位名声在外的歌唱家终于愿意出来演出了，前提是胡洛克先生要登台向观众说明，夏利亚宾今天身体有些不舒服，嗓子很难受。胡洛克先生会假装同意的，他知道只有这样才能让夏利亚宾上台。

阿瑟·盖茨博士在他的大作《教育心理学》中写道：

> 所有的人都希望得到同情，孩子也喜欢把自己脆弱的一面表现出来，甚至不惜把自己弄伤来获得别人的同情。成年人为了获得同情也会把他们的伤痕展露出来，向他人诉说自己的经历、伤痛，尤其是做外科手术的所有细节。从某种角度来看，绝大多数人都会对现实或想象中的不幸进行"自我怜悯"。所以，如果想得到他人对你的认可，不妨试用一下上面所说的方法。

激发他人高尚的情操

我是在大盗杰西·詹姆斯的故乡密苏里州的乡村长大的。我去过詹姆斯位于科尔尼的农场，当时，他的儿子就住在那里。

我听詹姆斯的妻子说起了詹姆斯当年抢劫银行以及火车的故事：詹姆斯把抢来的钱分给邻居，让他们拿去偿还债务。

也许詹姆斯和达基·舒尔茨、"双枪杀手"克劳利、艾尔·卡彭以及黑帮组织的"教父"一样，把自己看作是劫富济贫的英雄人物了吧。实际上，你所遇见的所有人都一样，人们往往都自视甚高，喜欢把自己想象成无私、高尚的英雄人物。

皮尔彭·摩根在他的一篇调查报告中写道：通常情况下，人们做一件事情的原因有两个：一个是高尚的借口，另一个才是真实的理由。

人们心里很清楚自己在做的每件事的真正理由，这一点是很明确的。但是人们总是喜欢把自己理想化，更愿意去相信那些高尚的借口。因此，当你想让他们发生改变的时候，就需要把他们的高尚动机激发出来。

如果将这个方法应用于社交领域中是不是太过理想化呢？下面，我们先来看一个故事。这个故事的主人公是宾夕法尼亚州的汉密尔顿·法雷尔。他的一位房客对现在的居住环境不满意，非常强烈地表示要搬走，尽管距离租约到期的时间还有4个月，他也毫不理会。在课上，法雷尔先生讲道：

> 房客入住到这里的时候正是房租最贵的冬天，假如现在他们搬走的话，秋天来临之前恐怕我的房子很难租出去。如果这样的话，到手的租金就会白白地流走了，所以当时我特别气愤。

> 出现了这样的状况，通常我会拿着租约上门去找那位房客理论一番，让他再仔细看一遍租约，并且还要告诉他如果现在他执意要搬走的话，必须把全额的房租都付清，因为按照约定我是有权利这样做的。

> 这一次，我要换一种方式让这位房客继续在我这里住。我是这样对他说的："多伊先生，我听别人说您要从这里搬走，但是我不相信您真的会这么做。凭借着我多年出租房屋的经验，知道您绝对不会是一个不讲信用的人。这一点我毫不置疑，为此，我还愿意和您打个赌。"

> "希望您可以接受我的建议，再好好地考虑几天；如果下个月的月初您还是执意要搬走，那我就无话可说了。我会让您搬走并承认我的判断出现了问题，但我还是认为您是一个讲信用的人，绝对不会违约的。要知道人和猴子的最大区别就在于会不会信守承诺，是选择做人还是选择做一只猴子，最终的决定权就握在我们自己的手上。"

> 下个月的月初，这位先生找到我，把剩下的租金付给了我。他说他和妻子商量过了，决定继续留下来，他们觉得选择遵守租约是最好的做法。

北岩勋爵还在世的时候，发现一家报社刊登了一张他的私人照片，而事先并未向他争取意见，于是他写了一封信给报社的编辑寄去。他并没有说"对于公开刊登本人照片这件事我很反对，希望立即将该照片撤掉"，他借助了一个极其高尚的理由，就是利用人们对自己母亲的尊敬。在信中他写道："由于母亲对贵报公开刊登本人照片一事有些担忧，希望贵报立即撤换该照片。"

小约翰·洛克菲勒希望一家报纸停用自己孩子的照片时，也同样借助了一个高尚的理由。他并没有说"我不愿意把孩子的照片公之于众"，而是利用了所有父母内心深处对孩子无微不至的爱，说："相信你们应该知道把孩子曝光的做法会对孩子的成长产生很不利的影响，因为我们都是孩子的父母。"

百万富翁塞勒斯·柯蒂斯是《星期六晚邮报》《妇女家庭杂志》的创刊人，他在创业之初只不过是一个来自缅因州的穷小子。那个时候，他根本没有办法像其他杂志一样给撰稿人支付高昂的报酬，也没有办法请那些高水平的作者为他撰写文章，可是他选择了通过激发他们的高尚动机达到帮助自己的目的。有一次，他为了让正处在事业高峰期的《小妇人》的作者路易莎·梅·奥尔柯特为自己写一篇文章，他寄出了一张100美元的支票。这张支票并不是寄给奥尔柯特的，而是寄给了奥尔柯特最钟爱的慈善机构。

看到这里，有很多人可能会认为："这种方法只能对北岩勋爵、洛克菲勒或者多愁善感的小说家起到作用，但是这一套对那些欠我钱的固执家伙不一定行得通。"

可能你所想的是对的，没有哪个方法可以让所有人都行之有效，也没有哪个方法可以让所有人都愿意为你买单。但是，如果你觉得现在的结果就是自己想要的，又何必去改变自己的方法呢？不过如果你觉得现在的结果并不是自己想要的，不妨试一下这个方法。

不管怎样，我觉得你都会对下面这个真实的故事感兴趣的，这是一个发生在我的学生詹姆斯·托马斯身上的故事。

一家汽车公司出现了6位顾客拒绝支付维修费的问题。他们所有人都同意付全款，只是认为其中的一项收费不合理。但是对于汽车公司提供的服务，这6位顾客已经签字表示同意，所以汽车公司认为全额收费是理所应当的事情，于是他们向顾客说明了这一点。这是这家汽车公司犯的第一个错误。

以下是一位信贷人员上门收账时采取的行动，你觉得他这样做会成功吗？

1.他逐一拜访了这6位顾客，直接告诉他们自己是来上门收账的。

2.他直接告诉对方，公司是绝对不会出问题的，问题一定出在顾客身上。

3.他向顾客申明，公司在汽车领域要比顾客更专业，所以没有什么可争论的。

4.结果：两方争论起来了。

上述步骤能不能成功地解决这个问题并且将这笔欠款收回呢？我想你心中应该有答案了。

面对这种局面，信贷部门的经理正准备聘请律师和顾客斗争到底。值得庆幸的是，这件事情引起了总经理的关注。总经理查阅了这些欠款顾客的信用记录，发现他们通常都会按时付款的，这次一定是公司的哪个环节没有做好，因此他委托詹姆斯·托马斯出面去收这些"难收"的欠款。

托马斯先生给我们分享了他所采取的有效步骤：

1.我的目的同样是把这些欠款收回，我很清楚这笔款项并不存在争议，但是我对此只字未提。我向顾客解释说，我拜访的主要目的是想弄清楚公司做错了什么，有什么地方做得不够好。

2.我向顾客说明，在听他把整件事情叙述完之前我绝不会发表个人的看法，同时也让顾客知道我们公司也并不觉得自身没有一点错误。

3.我告诉顾客，我只是对他的车子感兴趣，在这个世界上没有比他本人更了解自己的车了，所以在这一点上他是最有发言权的。

4.顾客倾诉的时候，我会一直专注而同情地听着，这种方式正是顾客需要和期待的。

5.最后，顾客的情绪稳定了下来，我让他们知道我会公平地对待这件事情，并趁机激发其高尚的情操。我说："我希望您知道，我也认为这件事情是我们处理不当。很抱歉我们的工作人员触犯了您，给您造成了不便，这样的事情真的不应该发生。我代表公司向您道歉。刚刚在听您讲述整件事情的时候，我被您的公正和耐心深深触动。由于您的公正和耐心，所以我希望您能帮我做一件事——这件事没有谁比您更能胜任，没有谁比您更了解其中的情况。这是您的账单，我知道我可以很放心地把它交给您，请您帮忙核查。假如您就是我们公司的董事长，您会怎么做呢？这件事的决定权完全交给您，您说怎样都可以。"

那么他们会核查账单吗？当然，他们很愿意这么做。会不会有顾客借这个机会谋取私利呢？有一个顾客就这么做了。对于有争议的账单，他拒绝支付，但是剩下的5人全部都把欠款付清了。这个故事最精彩的部分在于：两年内，这6位顾客都从我们公司购买了新车。

托马斯先生说："经验告诉我，如果我们对顾客一无所知，我们就应该假定他们是真诚正直、值得信赖的，实际上，大部分人们都是诚实的，他们一旦认为自己的行为是正确的，就会非常想维护这种正确性。例外之人还是少数。我相信即使是一个存心欺骗的人，当你假定他是真诚正直的，他也不想辜负你的信任。"

戏剧化地表达你的想法

很多年前，《费城晚报》被恶意诽谤，这些流言蜚语散布的面积非常广。有一些人故意告诉广告商们这份报纸已经没有任何吸引力了，因为上面刊登的广告实在太多、新闻太少，读者已经不买这份报纸了。为了不让广告客户流失掉，该报社必须马上采取措施，制止这些流言蜚语。

可是应该怎么做才好呢？

下面我们来看看他们是如何应对的：

《费城晚报》找出了某一天的报纸，把其中的内容进行剪辑、分类，并合订成一本书重新出版。这本书命名为《一天》，一共有307页，看上去和精装书没什么两样。《费城晚报》把当天的新闻和专题报道全部编录在书中，而且将售价降至几美分。

这本书的问世使《费城晚报》所刊登的有趣的阅读材料更加戏剧化了，那些流言蜚语不攻自破。这样的方法要比仅仅出版几页人物访谈以及时事评论更加生动、有趣。

这是一个戏剧化的时代，单凭陈述事实是远远不够的，你需要以生动、有趣、戏剧化的形式将事情展现在公众的面前。电影和电视节目就是这样做的。如果你想得到更多的关注，也需要这样做。

橱窗装修专家深知戏剧化的力量有多强大。比如说，一家灭鼠药生产商为了推销新药，为经销商提供了两只活老鼠做橱窗展示用。在展示的那一周，灭鼠药的销量翻了5翻。

戏剧化推销产品的例子，我们可以在电视广告中看到很多。你不妨找一个晚上坐在电视机前，观察一下广告商是怎样宣传他们产品的。你会看见某个品牌的抗酸药是怎样让试管中的酸性液体改变颜色，但是竞争对手却不能达到这样的效果。你还会看见某个品牌的肥皂和清洁剂是怎样让沾满油渍的衣服焕然一新，而使用另一个品牌的产品却留下了灰色的痕迹。你会看见汽车在弯道或者颠簸的路面上完美行驶，这样的效果远远超过乏味的解说。你会看见一个个的满意的微笑在商品旁边出现，所有的广告都戏剧化地展示了产品的优势，进一步唤起消费者的购买信心。

不管是在商业领域还是在日常生活中，你都可以把你的想法戏剧化地展现出来。吉姆·伊曼斯是一家收银机公司的销售人员，他就是使用了这种展示方法成功地做成了一笔生意。他说：

> 上星期，我去小区边上的杂货店购物。我发现店里还在使用老式的收银机，于是我走过去对店主说："每次顾客在排队结账的时候，实际上都在扔钱啊。"说着，我将一把硬币扔在地上，他马上就把注意力集中到我的身上。如果我仅仅使用语言给他介绍，他只是会听听而已，但是硬币砸在地上的声音却使他立即把手头的工作停下来认真听我说。由此我成功地拿下了一笔订单，他把店里所有的旧收银机全部换掉了。

这种方法在家庭生活中也同样适用。男士向自己的恋人求婚时，简单地说一些情话就够了吗？当然不是，他一定还要单膝跪地向对方表达自己的真诚。现如今已经很少有人再跪地求婚了，但是很多男人在求婚之前，还是会特意营造出浪漫的氛围。

戏剧化的手法同样适用于孩子。亚拉巴马州的杰伊·方特有一个5岁的儿子和一个3岁的女儿，孩子们从来不会去收拾那些弄得满地都是的玩具。因此他制作了一辆"火车"，让小杰伊当司机，骑着他的脚踏车，再把珍妮特的小马车连接在脚踏车的后面，把满地的玩具当作"煤渣"。到了晚上，她会把全部的"煤渣"都装进货车（她的小马车）里面，然后再跳上车，让哥哥开车带她在房间里面旅行。就这样，方特没有用一句说教或是训斥的话，孩子们就高高兴兴地把满地的玩具收拾干净了，家里变得干净又整齐。

印第安纳州的玛丽·凯瑟琳·沃尔夫在工作上碰到了一些问题，必须要和老板沟通一下。星期一刚来到公司她就去找老板，但是老板说他一整天都会特别忙，让她去找秘书再约一个时间见面谈。秘书又说老板近几天的日程都安排满了，但是会尽量帮她安排的。

沃尔夫女士跟我们讲述了后面发生的事：

接下来的整整一星期时间，我都没有收到任何回复。我每次去问秘书，她总是会说出一个老板没有时间见我的理由。星期五的早晨，我还是没有收到任何消息，而我必须在这星期之内把事情和老板谈清楚。所以我开始琢磨，怎样才能让老板同意与我见面呢？

最终我是这样做的：我郑重其事地给老板写了一封信，我在信中说，对于他这一星期的时间都很紧张，我表示理解，但是我要找他谈的事情极其重要。我随信附上了一份写有自己名字的回执，请他或者秘书填好再回给我。回执是这样的：

沃尔夫女士，我在星期_____，_____点（时间）有空见你，我会抽出_____分钟时间和你交流。

我上午11点的时候把这封信放到了老板的邮箱里面，下午2点的时候，我在自己的邮箱里面找到了回执。老板亲自填写的回执，称他下午可以抽出10分钟见我。那天下午，我们的交谈超过了一个小时，圆满地解决了我的全部问题。

要是我没有使用这个戏剧化的方式向他表明我急需见他，我也许还在傻等他的约见呢。

詹姆斯·博因顿接到了一项任务——为一个知名品牌的护肤品做市场报告。他所在的公司刚刚结束了对这一知名护肤品的调研，他必须马上把该品牌市场竞争力的数据提交上去。但是对方在广告业很有名气，是他们公司非常想拿下的潜在客户。

博因顿的第一次报告几乎还没有尝试开始就遭到了失败。他说：

我首次去经理办公室汇报，发现我们的讨论完全跑偏了，竟然为了调查方式的对错争论起来。他质疑是我们的方法出现了问题，而我却极力地证明自己没错。

我最终赢得了争论，自己还有一些得意；当到了会谈的时间，我并没有得到任何结果。

第二次面谈的时候，我决定不把时间浪费在制作表格和搜集数据上面，而是直接去见他，而且还要运用戏剧化的方法。

当我走进他的办公室时，他正在忙着打电话。他刚把电话挂断，我便将公文包打开，把32瓶护肤品一下子全倒在他的办公桌上。他一看便知，这些全部都是竞争对手的产品。

在每一瓶护肤品上，我事先都贴上了标签并把我的调研结果写在上面。每张标签都写得非常简短、生动。

接下来会怎样呢？

我们之间再也没有任何的争论，因为这种方式对他来说是一种和以前完全不同的全新方式。他把那些护肤品一个一个地拿起来阅读上面的标签，我们围绕这些结论展开了友好的交谈。他对我们的研究非常感兴趣，向我提问了大量的问题。他原本只给我10分钟的时间进行交流和展示，但是10分钟过去了，20分钟过去了，40分钟过去了，我们还在不停地聊着。

实际上，我想表达的内容和上次完全一样；和上次不同的是我运用了戏剧化的方法，结果和上次截然相反。

发起挑战的激励法

查尔斯·施瓦布的工厂里的厂长非常尽职尽责，可是他下面的工人却不努力干活，工厂的业绩始终不能提高。

施瓦布问那个厂长："为什么会这样呢？有你这么能干的管理者，为什么工厂的业绩提不上来呢？"

这位厂长回答道："我也不知道问题出在哪里啊！不管是安抚、激励还是咒骂，甚至还用惩罚和开除来威胁工人，都毫无用处，他们还是不好好干活。"

这个时候正是傍晚，刚好是白班工人和夜班工人交接的时间。施瓦布让厂长拿来一支粉笔，然后向离他最近的工人询问道："你们白班的产量是多少？"

"6件。"

施瓦布什么话都没有说，只是在地上写了一个大大的"6"字，就离开了。

夜班工人来上班的时候看到了地上的"6"字，都很好奇地问这是什么意思。

"大老板今天过来了，"白班的工人说，"他询问了我们白班的产量，我们告诉他是6件，他就把这个数字写在了地上。"

第二天早晨，当施瓦布又一次来到工厂的时候，发现夜班工人已经把"6"字抹去了，还写上了一个大大的"7"字。

当白班的工人来上班的时候，他们看到了地上的"7"字。难道那些夜班的工人觉得他们比白班工人的效率更高吗？那好，我们就来看看到底谁的效率更高。所以，全部的白班工人都热情高涨，拼命地工作。到了傍晚时，他们又把"7"字抹去，在地上写上了一个大大的"10"字。就这样，工厂的生产情况发生了很大的变化。

很快，这家原本业绩很低的工厂就超过了其他所有的工厂。

这是什么原理呢？

查尔斯·施瓦布是这样跟我们讲述的：

> 竞争可以产生效率，所以要激发他们的竞争意识。我指的并不是低俗的拜金主义，而是超越他人的渴望。

超越他人的渴望！挑战！超越！但凡对方有一点好胜心，这个方法就会有效。

西奥多·罗斯福之所以能成为美国总统，最主要的原因就是愿意挑战。这位英勇的骑士刚从古巴回来，就被推选为纽约州州长。然而，当政敌发现罗斯福并不是纽约州的常住居民后，罗斯福非常担忧，在惊惶之下计划退出竞选。就在这个时候，来自纽约州的国会参议员托马斯·科利尔·普拉特向罗斯福发起了挑战，他大声地对罗斯福叫喊道："圣胡安山战役的英雄难道只是一个懦夫吗？"

罗斯福选择继续参加竞选，并且最终获得成功。他敢于接受对方的挑战，不仅改变了自己的未来，也改变了整个国家的未来。

"所有人的心中都有恐惧，只有勇士会忘记恐惧，勇往直前。他们可能会一败涂地，但通常都会取得胜利。"这是古希腊国王的一句座右铭。战胜对失败的恐惧是人世间最大的挑战。

阿尔·史密斯担任纽约州州长期间也遇到了这样的难题。那个时候，魔岛西部最杂乱的辛辛监狱需要一名监狱长。从监狱里面传出来的丑闻和谣言一直都没间断过，史密斯急需一个实力派人物来管理辛辛监狱。谁是最合适的人选呢？他请来了新汉普顿的刘易斯·劳斯。

"派你去管理辛辛监狱如何？"当劳斯出现在他的面前时，他轻松地询问道，"现在那里需要一位经验丰富的人来管理。"

听到这个提议，劳斯大吃一惊。他知道辛辛监狱是一个非常危险的地方，可是他也知道这一任命是出于政治需要。辛辛监狱的管理者更换频繁，最短的一位只在那里待了3个礼拜。他要考虑自己的事业发展，去冒这么大的险真的值得吗？

史密斯看出了他的犹豫，微笑地往椅背上一靠。"小伙子，"他说，"如果你被吓住了，我也不会怪你的，毕竟那是一个危险的地方，只有具备很高能力的大人物才能在那里站稳脚。"

史密斯这是在向他发起挑战，不是吗？劳斯决定去挑战这个"有能力的大人物才能胜任"的工作。

他去了辛辛监狱，并且还在那里待了很长时间，最终成为最杰出的监狱长。他的作品《辛辛监狱两万年》传遍了整个美国，销量遥遥领先。他的故事被改编成数十部电影，他对罪犯的人性化管理促进了美国的监狱改革。

费尔斯通轮胎橡胶公司的创始人哈维·费尔斯通这样说：

> 我从来都不认为仅仅凭金钱就能吸引优秀的人才并留住他们，我想他们留下来的主要原因是竞争本身。

对于这一观点，著名的人类行为学家弗雷德里克·赫兹伯格也表示非常认同。他深入调查了上千名不同阶层的工作人员的工作态度，发现了人们最强的工作动机以及最能激励人的因素。你觉得是什么？很高的收入？优越的福利待遇？良好的工作环境？都不是。最能激励他们的因素就是工作本身。如果这份工作既有趣又刺激，员工们就会对工作充满期待，并且渴望把它做好。

每个成功人士都热爱竞争。他们希望得到一个可以展现自我的机会，去超越他人并且获得成功，从而证明自己的价值。这就是竞走和吃苹果这样的大赛存在的原因——激发人对胜利的渴望，对"被重视感觉"的渴望。

第四篇

如何友善地改变他人

请用这种方式挑错

凯文·柯立芝担任美国总统的时候，我的一位好朋友曾经在白宫度过一个周末。当他走到总统办公室门口时，无意中听到柯立芝总统称赞一个秘书说："今天早上你穿的那条裙子特别的美，你真是一个年轻而有魅力的女孩。"

这也许是柯立芝有生以来第一次这么热情地赞美秘书。这句话简直太出乎意料了，他的秘书立刻涨红了脸，不知所措地看着他。之后他又说道："你不要太得意，我之所以会说这样的话，只是希望你的心情会好些。从今天起，在标点符号的用法这方面，我希望你能多注意。"

他的目的性也许有些太明显了，但是在应用心理学原理上却意义重大。在批评别人之前先给予肯定，这样会使人更容易接受。

1896年竞选美国总统期间，第25任总统麦金利也用过同样的方法。当时，一位共和党知名人士帮他撰写了一篇竞选演讲稿，撰写者本人对这篇讲稿的评价非常高，而且还非常得意地宣称要比西塞罗、帕特里克·亨利以及丹尼尔·韦伯斯特这些历史名人集合智慧所撰写的稿子都要好。这位先生极其激动地把这篇演讲稿读给麦金利听。这的确是一篇不错的演讲稿，但是如果用来竞选的话，它的内容一定会引来很多非议。麦金利不想打击这个小伙子饱满的热情，但是他必须对他说"不"。接下来我们一起来看看他是怎样处理这个难题的吧。

"这篇演讲稿写得实在是好极了，真是激动人心，我想真的找不出比你写得更好的人了。这篇稿子在很多的场合都可以用，但是你仔细想想，在这样的特殊时期，我们提出这样的观点稳妥吗？站在你的立场来看，这篇稿子有理有据，但是我需要考虑这次演讲对整个共和党的影响。你可不可以按照我的意见修改一下，另外再给我写一篇？"

对方按照他所说的做了，麦金利也在稿子上进行了标注，而且还和小伙子一起撰写了另外一份讲稿。就这样，麦金利成为这次所有竞选者中演讲水准最高的演讲者。

接下来的这封信是亚伯拉罕·林肯所写的又一封极具影响力的信件（他最著名的那封信是写给毕克斯贝夫人的，表达了对其在战争中牺牲的5个儿子深切的悼念之情）。这封信是林肯用了不到5分钟的时间匆匆完成的，但是在1926年的拍卖会上，它却以12000美元的高价售出，这个价钱远远超出了林肯半个世纪的辛勤工作所积攒的钱。这是一封在1863年4月6日写给约瑟夫·胡克上将的信。那时正是黎明前最黑暗的时候，不到两年的时间，林肯的将军们率领的联邦军队节节败退。南北战争成为一个既无用又愚蠢的人类屠宰场，使广大民众为之恐慌，成千上万的士兵在战场上逃脱，甚至连国会的共和党议员都对林肯十分失望，试图借机将林肯赶出白宫。林肯说道："我们似乎看不到任何希望，就连神灵都不再庇护我们了。"就是在这样悲痛而绝望的时候，林肯写下了这封信。

我之所以将这封信收录，是因为它体现了林肯是怎样说服这位桀骜不驯的胡克上将的。在这样的危急时刻，全国人民的命运都掌握在这位上将的手中。

这封信应该是林肯任职后写过的最严厉的一封信了，但是你会留意到，林肯依然是先赞扬了胡克上将一番，然后再提及他所犯的致命错误。

的确，胡克上将犯了极其严重的错误，但是林肯并没有一上来就大声训斥，他用了更为保守且得体的表达方式。他在信中写道："对你的一些做法，恕我不能赞赏。"这样的说法非常得体！

这封信的原文如下：

我之所以任命你为波托马克军司令，是有充分理由的；但是我希望你能明白，对你的一些做法，恕我不能赞赏。

我相信你是一名非常勇敢的军人，对此我表示很欣赏；我也相信你会以你的作战经验来做出决策，而不会把政治和职业混为一谈，在职业选择这一点你做得很对。你对自己很有信心，即使你的这个品质并不是不可或缺的，但也是一个极其可贵的优点。

你的宏图大志，在适当的时候当然是好的。可是我觉得在伯恩赛德将军指挥的时候，你却依然坚持着自己的雄心，想出很多办法阻挠他。你的行为会害了整个国家，也会害了你这个成绩显著、值得尊敬的战友。

你近期说过"不管是军队还是政府都需要一个具有超强能力的统帅"。我对你的这个观点非常赞同。当然，我委任你为波托马克军司令并不是因为你说过这样的话，即使你从来没有这样说过，我还是会这么做的。

想成为统帅必须得成为建功立业的将军，所以我希望你能够取得军事上的胜利，为此我不惜冒着独断专行的风险。

政府会全力支持你，一直以来我们对所有的将军都一视同仁，也绝对不会对你另眼相看的。我特别担心你引起的这种相互指责、质疑长官的风气在整个部队中蔓延，最后会使你自食其果，所以我会全力协助你，我们一起来改变这种风气。

假如让这种不好的风气蔓延的话，不要说是你，即使是拿破仑再世，他也拿一支负面情绪高涨的部队没有办法。切记不要鲁莽行事，要全神戒备，勇往直前，为我们赢得胜利吧！

当然，你不是柯立芝，不是麦金利，也不是林肯，我觉得你一定想知道这套哲学在日常生活中应用的效果会怎样，对吗？下面，我们一起来看看费城华克公司高先生的例子吧。

华克公司接到了一单生意，要求该公司在合约期限内完成位于费城一栋大型写字楼的建设工作。本来该项目一直都进行得很顺利，但是就在大楼马上要完工的时候，外墙装饰材料的供应商突然表示不能按照期限供应材料。这样一来，整栋大楼的建设工作都没有办法进行！这将面临高额的罚金以及巨大的损失。

一次次的长途电话以及激烈的争吵都无法解决这个问题。公司只好派高先生去纽约与材料供应商当面理论。

见到了材料供应商的老板，互相介绍之后，高先生突然说道："你知道在整个布鲁克林区只有你叫这个名字吗？"供应商老板特别吃惊地说道："我还真不知道。"

高先生说："早上我下火车以后，在电话簿上查找你的地址。我发现，整个布鲁克林区没有人和你重名。"

"我从来都不知道这一点啊。"供应商老板说道。他非常有兴致地翻开了电话簿。"啊，没错，确实是一个很不寻常的名字，"他自豪地说，"我的祖先来自荷兰，两百年前就在纽约定居了。"之后的几分钟，他一直在不停地谈论他的家人和有关他家庭的事。他讲完以后，高先生又称赞了他的工厂规模，还和他曾经参观过的其他同类型工厂进行了比较，然后说道："在我所见过的装饰材料工厂中，这里绝对是最干净整洁的了。"

"我毕生的心血全部都倾注在这座工厂里面了，"供应商老板说道，"我为这个工厂感到自豪。你想不想去参观一下呢？"

在参观的过程中，高先生又夸奖了工厂的制造工艺以及流水线工作，还告诉供应商老板他的工厂为什么看上去比别的竞争者的工厂要好得多。然后，高先生又和供应商老板讨论了车间里几台不常见的设备，供应商老板很骄傲地说这几台机器都是他自己发明的。他用了很长时间向高先生讲述这些机器是如何运转的，它们有多么的出色。参观完以后，他坚持要和高先生一起吃午饭。在此我要提醒一下诸位，直到现在高先生还没有提过此行的真正目的。

午饭结束后，供应商老板说道："现在我们谈谈正事吧。我知道你是因为什么事情来到这里的，可是真的没有想到我们的会面会如此愉快。现在我向你保证，你们的货物一定会按时生产、按时送达，你可以放心地回费城告诉你的领导，我会把其他家的订单延后一些。"

高先生并未开口，此行的目的就已经达成了。最终材料及时到达，写字楼也如期交工了。

假如高先生像大多数人一样，使用了强硬的手段，还会是这样的结果吗？

多萝西·乌布鲁斯基是联邦信贷联盟新泽西一家联邦信用储蓄所的分行经理。有一次，他在课上分享了他曾经帮助自己的员工提高工作积极性的故事。

　　我们近期新招了一位年轻的女出纳。客户对她的评价很高，她在处理工作的时候得心应手，可是往往会在晚上清账的时候出问题。

　　出纳主管强烈要求我把这位女士解雇，并和我说："她清账的速度太慢，会拖整个团队的后腿。我已经教她很多遍了，她就是不明白，必须得让她走人了。"

　　第二天，我特意认真地观察了这个姑娘的工作方式，发现她日常交易都处理得又好又准确，对待客户也和蔼热情。

我很快就知道了她的问题为什么会出在清账上。下班的时候，我来到她的身旁与她交谈起来。她看上去非常紧张。开始我对她白天对顾客的热情耐心进行了一番表扬，又对她处理业务时的熟练与准确进行了称赞。接下来，我建议她和我一起来走一遍清账的流程。她发现我对她很有信心，高兴地接受了我的提议，很快就在学习中掌握了要领。从那以后，她清账的工作就很少出问题了，很快得到了大家的认可。

称赞的话就像牙医在拔牙时所使用的麻醉剂一样。虽然牙钻依然会使病人感到不适，但是麻醉剂可以有效地减轻疼痛。作为领导者，应该学会运用这种技巧。

这样批评不会触犯众怒

某一天午休时，查尔斯·施瓦布在他的炼钢厂里看见有一个工人正在抽烟。那个工人的头顶上还有一块"请勿吸烟"的提示牌。大部分人也许会立刻指着那块牌子训斥道："你不认识字吗？"但是施瓦布并没有这样做。他说道："小伙子，假如你可以去外面吸烟的话，我会非常感激。"工人很清楚，他违反了规定被老板发现了；可是老板并没有训斥他，还非常委婉地对他说话，让他觉得老板对他很重视。大家都会喜欢这样的老板，不是吗？

同样的技巧约翰·沃纳梅克也采用过。在费城的时候，每天他都会去商店里巡视一遍。一天，他看到一位顾客在收款台前焦急地等待着，但是没有一个服务人员注意到她，服务人员都聚在一起大声聊天呢。沃纳梅克并没有上前训斥那些服务员，而是默默地走到收款台旁边，亲自接待了这位客人，并且还在临走的时候把这位女士购买的货物递给服务人员进行包装。

大家总是会批评官员们高高在上，难以接近。他们的工作确实很忙，但是这个问题往往是那些保护欲旺盛的助手们造成的，他们不希望已经很疲惫的老板和来访者有过多的接触。卡尔·朗格弗德曾在佛罗里达州奥兰多市做过多年的市长，他经常告诫自己的下属允许人们前来拜访他，因为他奉行的是"门户大开"政策，但是来访者往往都被他身边的秘书以及管家打发走了。

这位市长最终找到了解决的方法——他将办公室的门拆除了。大门被他拆掉以后，他的助手们明白了领导真正用意，最终朗格弗德在真正意义上实现了行政开放。

很多时候，一个词能起到关键性的作用。只要改掉两三个词，就会产生不一样的效果。

总有会有些人在表达自己意见的时候，习惯性地以称赞开始，然后再以"但是"一词作为转折，最后以批评结束。比如说，在试图改变孩子对学习漫不经心的态度时，我们也许会说："约翰尼，这个学期你进步很快，我们为你感到骄傲；但是如果你可以在代数上面再多努力的话，结果应该比现在还要令人满意。"

刚开始的时候，约翰尼也许会认为是受到了夸奖；当他听到"但是"这个词的时候，他的想法发生了改变，他认为前面的那些赞扬完全是为了之后的批评做铺垫而已。这样的措辞方式把整句话的可信性降低了，所以说，这番话并不利于纠正约翰尼的学习态度，大人们的目的就会很难达到。

如果把"但是"变成"而且"，或者将"但是"去掉，问题就解决了："约翰尼，这个学期你进步很快，我们为你感到骄傲；（而且）下学期如果可以继续这样努力，那么，你的代数成绩很快就会超越其他人的。"

这个时候，约翰尼就会接受父母对他的表扬了，因为夸奖之后并没有后续的批评。即使我们没有直接地引起他的注意，向他表达我们希望他改变自身行为的想法，相信他也一定不会让我们失望的。

和敏感的人相处的时候，直接提及他们的错误会让他们产生强烈的反感，间接地指出却有非常好的效果。罗得岛文索基特的玛吉·雅各布在一堂课上和我们讲述了她是怎样说服那群懒怠粗心的建筑工人，让他们在工作完成之后，自愿将建筑垃圾清理得干干净净。

施工刚刚开始的时候，雅各布太太下班回家，发现院子里全部都是木材废料。她不想让工人们认为她挑三拣四，而且工人们分内的工作做得还是很不错的。当工人们干完活离开之后，她便带着孩子们把院子里清理得很干净，将木材废料都放在一个角落。第二天早上，她把工长叫到一旁说道："我对你们的工作非常满意，昨天晚上你们把门前打扫得干干净净整洁，没有对我的邻居造成一点不良影响，我真的感到很开心。"从那以后，每天收工的时候，工人都会把木材的废料收拾好放在角落里，工头也会在每天工作结束以后对门前的草坪进行查看，确保院子里干净整洁。

队员们的发型问题是陆军预备教官和队员之间发生口角最多的一件事。这些预备队员觉得自己也是百姓的一员（其实在大部分的时间里他们的确都和普通百姓没有区别），所以才会对理平头的规定感到难以接受。

哈雷·恺撒是一个军事搜救学校的军官，他在对一群预备士官训练的时候就遇到了这个问题。哈雷是一位很有经验的常规军军官，本来那些士兵觉得他一定会对着他们大声喊叫，甚至会威胁他们；可是结果却出乎他们的意料，他以一种间接的方式向他们表达了他的建议。

"先生们，"他开口说道，"在场的都是领导者，如果你们能够以身作则，相信你们很快就会成为非常优秀的领导者，所以你们必须在自己的兵面前起到表率的作用。部队对士兵的发型要求你们一定也很清楚，即使你们中间的一些人比我的头发还要长，可是我今天依然会去理发。建议你们回去自己照照镜子，如果想要做一个好榜样的话，部队会给你们安排时间去理发。"

他所讲的这番话的效果很快就显现了。当天下午，有几名士兵到理发店剪了头发。第二天早上，恺撒军官满意地对这些预备士官做出了评价，说他很高兴看到队伍里面的一些人的领导能力已经有所长进。

第四篇

如何友善地改变他人

1887年3月8日，演说家亨利·沃德·比彻离开了人世。莱曼·艾伯特受到邀请，站上之前比彻演讲过的讲台上进行讲话。为了做得更好，他不厌其烦地把自己的演讲稿逐字逐句地进行修改，确保无可挑剔。他觉得满意后，就把演讲稿念给妻子听。就如同很多经过事先准备的演讲一样，他的演讲并不成功。假如他的妻子心直口快，一定会说："莱曼，这可不行，实在是有些差劲，听众们听你的演讲会睡着的。这篇演讲稿读起来就像大百科全书一样，我的天啊，为什么不能写得更加通俗易懂呢？就不能表达得更自然一些吗？假如你把这些内容讲出来的话，那就实在是下不来台了。"

假如她真的这样说了，后果大家应该都能猜到。他妻子也明白。因此，她委婉地说，如果这篇文章发表在《北美评论》上，肯定是一篇很不错的文章。换句话说，她既赞扬了这篇文章，同时又巧妙地指出了这篇文章并不适合作为演讲稿。莱曼·艾伯特领会了妻子的用意，他将这篇准备很长时间的演讲稿撕碎，做了一次完全没有演讲稿以及提示点的演讲。

先谈自己的错误

　　我的侄女约瑟芬·卡耐基来到伦敦做我的秘书时只有19岁，高中毕业已经3年了，可以说她的实践经验几乎为零，不过现在她可以称得上是苏伊士西部业务最为精通的秘书之一。在她一开始工作的时候，有太多东西需要从零开始学起。有一天，我正要批评她的时候，突然我告诫自己说："再等一等，戴尔·卡耐基，再稍等一下。约瑟芬的年龄比你要小一轮，她的工作经验也不及你的十分之一，你怎么可以像要求自己一样地要求她呢？这样对待她是不公平的。另外，戴尔，你自己在19岁的时候在做什么？那时候你做了多少愚蠢的事情你知道吗？你还记得你之前……"

　　在这些思想斗争之后，我对约瑟芬19岁时的表现做出了公正的评价——19岁的她要比当年19岁的我强很多。但是我并没有因此表扬过她，也没有给她更多的支持，这让我感到非常的愧疚。

　　所以，从那以后，每当我想到提醒约瑟芬所犯的错误时就会这样说："约瑟芬，你犯了一个错误；但是，和我当年犯的错误相比，你所犯的错误真是不值一提。这个不能全怪你，想做好这件事是需要经验的，并不是生下来就能把事情做好。在你这个年龄的时候，我做过很多愚蠢的事情，现在回想起来让人羞愧极了。但是你可以想想看，这件事情如果这样做，那么效果会不会更好呢？"

　　如果在批评别人之前先进行铺垫，说明自己也并不是很完美，那么，接下来你所说的话就不会让人难以接受了。

加拿大的蒂尔斯通对他的新秘书很不满意，甚至还与她发生过争执。每次秘书将他的口述记录成信件交付他让他签名的时候，在每一页上他都会发现两三处拼写错误。蒂尔斯通先生说，这个问题他是这样处理的：

> 和大部分的工程师一样，我的拼写能力以及英语表达也不是很好。这些年以来我经常会用到一个法宝，就是我会准备一个单词本，把我经常拼错的单词记录下来。在我看来，直接把我那位秘书犯的错误指出来，似乎并不能让她更加用心地去进行校对，所以我就尝试换一种方式。下次我再发现她的文稿中的错误时，就会坐下来跟她讲：
>
> "这个词的确不是很容易写对，也是我经常犯的一个错误，因此我才会准备一个单词本，以便日后改正（我把单词本拿出来，并且找到有这个词的那一页）。你看，它就记录在这里。我现在特别注意自己的拼写，因为好多人都习惯根据信件来分析我们的人品。如果你的拼写很马虎的话，人们会怀疑你的能力。"
>
> 我想她是按照我的方法去做了，因为从那次以后我发现她的拼写错误明显减少了很多。

早在1909年，伯恩哈德·冯·比洛就意识到了这条原则的重要性。那个时候，冯·比洛正担任德意志帝国总理一职，当时执管皇权的德国皇帝是威廉二世。他是德国最后一位皇帝，极其狂妄自大。这位皇帝曾经打造了一支陆军和一支海军，而且还四处吹嘘这两支军队可以横扫千军万马。

紧接着发生了一件让人感到极为震惊的事情。这位德国皇帝发表了一系列耸人听闻的言论，让整个欧洲大陆都受到严重的影响，这些言论很快便散布到了世界各地。更加不可理喻的是，这位皇帝居然还在公开的场合发表了很多愚蠢自大、荒唐至极的言论。他还亲自批准把这些演讲稿原文在《每日电讯报》上刊登。在演讲中，他声称自己是全国唯一一个对英国态度友善的德国人，还说为了对抗日本的威胁，自己正在组建一支海军，声称自己可以凭一己之力将英国从俄国和法国的战争中挽救出来；还有，正是因为他的计划，英国的罗伯茨勋爵才可以在南非打败布尔人，这一切都是他一个人的功劳，等等。

近百年来，这样的话从来没有从任何一个和平年代的欧洲君主口中说出过。整个欧洲大陆就像被捅了马蜂窝一样议论不止。英国人被彻底激怒了，而德意志帝国的政治家们则胆战心惊。同时，处在这个风暴中心的德皇也开始恐慌了，他希望总理冯·比洛站出来承担起所有的责任，让冯·比洛声称这些不可理喻的言论是自己唆使他的君主发表的。

"可是陛下，"冯·比洛辩解道："和其他人一样，我是不会唆使您发表这些言论的。"

话刚一出口，冯·比洛就意识到自己犯了一个很严重的错误。威廉二世勃然大怒。

"你把我当成是废物了吗！你是在告诉我这样的错你不会犯是吗！"

冯·比洛意识到自己应该先赞扬皇帝几句，接下来再批评他。但是，先赞扬再批评已经来不及了，所以他采取了下列的做法——先批评再赞扬，事实证明，效果很好。

"我真的不是这个意思，"他非常恭敬地说道，"在很多方面我都不能和陛下相比，不管是在海陆战争方面，还是在自然科学方面。每当听陛下您讲到气压计、无线电报以及伦琴射线工作原理的时候，我都感到极为敬佩。很平常的自然科学我都一无所知，非常简单的自然现象我也不能做出任何解释，真的是很惭愧。不过，也许是上帝为了弥补我，让我知道一些可以拿得出手的历史知识以及政治知识，还了解一些外交手段。"

听到这些奉承话，威廉二世脸上顿时阴转晴。冯·比洛将自己的姿态放低，抬高了他。看在这一点上，他之前所犯下的所有错误都得到了威廉二世的原谅。他热情地说："我不是经常对你说，你和我在一起一定会成就一番大事业吗？我们一定要团结起来！"

接着，他紧握着冯·比洛的双手，非常高兴地宣布："如果有谁敢在我的面前说冯·比洛先生的坏话，我一定会揍扁他的鼻子。"

冯·比洛非常及时地挽救了自己，可是如同他这样有经验的外交家，也会犯这样的错误：他应该先说出自己的缺点，再对威廉二世的优点进行赞扬，而不是一上来就说威廉二世是一个随时需要有人提醒的智力欠缺的人。

几句将自己贬低并抬高他人的话就可以让高傲自大的威廉二世变成自己忠诚的朋友，可以想象，在日常生活中，喜欢赞扬他人会给我们带来多少好处以及机会。如果使用得当的话，仅凭这一技巧，你就可以创造出非常好的人际关系。

敢于承认自己的过错，即使并没有改正这些错误，也可以使别人相信你已经改过自新。我们来看一下马里兰州的克拉伦斯·泽豪森是怎样利用这一原理来处理他儿子的抽烟问题的。

"对于我儿子吸烟的事，我当然是不赞成的，"泽豪森先生跟我们说："其实我和他的妈妈都吸烟，首先是我们没有给他树立好的榜样。我并没有用吸烟所造成的伤害来吓唬他，我只是告诉儿子我为什么会在他这个年纪开始吸烟，以及这些年尼古丁是如何使我慢慢上瘾的，现在想戒掉几乎不可能了。我告诉他我现在咳嗽起来有多么难受，几年前他又是怎样劝我戒烟的。

"我并没有命令他把烟戒掉，也没有拿香烟所带来的危险来恐吓他。我只是告诉他我是如何迷上香烟的，而迷上吸烟对我来说又意味着什么。

"他思考了一会儿，然后向我保证说，高中毕业之前他都不会再碰烟了。就这样，几年过去了，我的儿子一直都没有吸烟，就连吸烟的念头都没有产生过。通过这次谈话，我自己也决定要把烟戒掉。在家人的帮助下，我获得了成功。"

切勿直接下达命令

有很长一段时间，我和美国传记作家学院的院长艾达·塔贝尔小姐在一起吃饭。当她知道我正着手写一本书的时候，她便和我聊起了人与人之间应该如何交往这个话题。她跟我讲，她写欧文·扬传记的时候，有一个和扬先生在一间办公室里一起工作过3年的先生接受过她的采访。这位先生表示，近些年来，他从来没有听到欧文·扬直接命令谁去做什么事情。他向来都使用一种建议的语气来和下属交流，而不是直接给下属下达命令。比方说，欧文·扬从未说过"你去把这个工作处理好"，或者说"不要这样做不要那样做"。他经常这么说："这件事情你可以这样来看"或是"你觉得这样做可以吗"；当他浏览某个助手的信件的时候，他经常会说："我们假如这样来表达，效果是不是更好些呢？"他总是给下属提供独自完成工作或某件事情的机会，从来不会手把手去教助手如何去完成工作，尽量让他们自己完成，让他们从自己所犯的错误中进步，以便更加深刻地理解。

使用这样的技巧，不但能使人们轻松地改正自己的错误，而且还保留了自己的尊严。另外，使用这样的技巧还可以让团队更加有凝聚力。

所有人都不会真心听命于一个领导所下达的傲慢指令，而且这样的行为通常还会引起下属的极度憎恶，即使这种命令是出于善意。丹·桑塔雷利是一名教师，在宾夕法尼亚州的一所职业学校任职。我听他讲过这样一件事。他的一个学生在校园内违规停车，把学校商店的入口挡住了，于是有一位教师非常气愤地冲进教室，大声问道：

"是谁的车把路挡上了？"这个学生回应后，这位老师生气地喊道："把车赶紧开走，否则我会叫辆拖车把它强行拖走！"

这个学生的确是错了，车确实不应该停在那里。但是经过这次事件后，不但那个学生对这个老师很反感，班里的所有学生都很厌恶这个老师，所以这个老师的工作开展得不是很顺利。

如果这个老师在处理这个问题的时候换一种方式，效果是不是会不一样呢？假如他当时友善地问："是谁把车停在了路上？"之后再建议车主把车开走，让其他车辆可以顺利通行，那么这个学生也一定会心甘情愿地把车开走的，不管是他本人还是其他的同学都会对这个老师的处理方法感到舒服愉快。

把命令变成问句不但让人听起来很舒服，还会激发起被问人的创造力。如果让对方参与了决策的过程，对方会更愿意接受命令。

伊安·麦克唐纳是南非一家小型工厂的总经理，工厂主要负责一些精密仪器的零件加工。他曾经有一个机会可以拿下一份大订单，但是他认为按照工厂目前的状况，不可能在承诺的期限内交货。工期已经排得非常满了，这份订单又特别着急，想接下这份订单几乎是不现实的。

他并没有强迫工人加班加点地赶工，硬把这份订单塞进去，而是把大家召集到一起，向他们说明了目前遇到的问题，并告诉工人们如果这份订单可以按时完成的话，将会对公司有怎样的影响，同时也会给大家带来更多的收入。之后，他便开始向那些工人询问：

"大家有没有什么好的办法可以接下这份订单呢？"

"可不可以把工期重新调整一下，让我们把这份订单顺利地完成呢？"

"大家觉得我们还能不能在时间或者人事安排上面做一些调整呢？"

工人们提出了很多的建议，希望他可以把订单接下来，他们以"我们一定没问题"的工作状态积极地开展工作。最后，麦克唐纳接下了这份订单，并且顺利地完成加工，也在期限内交了货。

给别人留足面子

若干年前，通用电气公司遇到了一个很难的问题，就是如何把查尔斯·斯坦因梅茨从管理者的位置上换下来。斯坦因梅茨虽然无法胜任管理会计部门的工作，但是他在电学领域里是一个非常专业的人才，所以公司也不敢轻易地冒犯这位先生。对公司而言，他是一个不可或缺的人才，但是他为人特别敏感。于是公司想出了一个两全其美的办法，给了他一个新的头衔，任命他为通用电气公司顾问工程师。他还是继续发挥他的专业，让更合适的人来管理会计部门。对这个安排，斯坦因梅茨非常满意，公司领导也达到了预期想要的效果。把这位最为敏感的人物如此巧妙地进行了调动，还没有因此引起不必要的争论，这一切只因为他们考虑周全，给足了斯坦因梅茨面子。

给对方留面子！这一点真的是不可小视！而又有几个人能意识到这一点呢？我们毫不在意地践踏他人的感情，一意孤行、自以为是；我们往往会在别人面前批评自己的孩子以及下属，却没有意识到这种行为会让他们的自尊受到伤害。其实，只要说几句温暖的话语，用心去感受他人的想法，就会使他们内心的痛楚大大地减轻。

如果再遇到必须要批评、责备，甚至需要解雇某个员工的时候，切勿忘记上面的话。

一位注册会计师马歇尔·格兰杰在给我写信时说："解雇别人并不好受，可是被解雇的人更不好受。"在信中，他写道：

我们的业务有忙和不忙的时候，因此，个人申报所得税的高峰期过去之后，我们总是会解雇一些员工。

我们业内人士经常说一句话：长痛不如短痛。因此，处理这类事情的常用做法就是尽快解决。大多情况下我们会这样说："辛苦了，史密斯先生。最忙的季节已经过去了，现在我们没有需要您来完成的工作了。我们的合作并不是长期的，这一点您应该很清楚。"类似这样的话。

这种做法会使这些人十分失望，还会令人有一种被抛弃的感觉。他们中有一些人是以会计为生的，所以也不会对这么轻易就把他们解雇公司有什么好印象。

近期我决定改变一下策略，以便让我们公司的裁员进行得更加顺利。因此，我认真地把每位员工的工作表现进行了整理，然后依次把他们叫进办公室。我对他们说了这样一番话："史密斯先生，你在工作上的表现特别好。有一次公司派你去纽马克出差，那是一次非常艰巨的任务，但是你没有一点怨言，并且任务也完成得特别圆满。我希望你能明白公司一直都很看好你。你的职业素质非常高，所以不管你在哪里工作都会非常优秀的。我们对你有信心，也会全力支持你，也希望你记得公司一直会全心全意地祝福你。"

结果怎样呢？同样是被解雇，但是员工感觉这个事实更加容易接受，他们觉得好受多了。他们也明白了假如公司能够用到他们的话，一定会让他们留下来的。如果以后我们还需要他们的话，在私人情感这方面，他们也会倾向来到我们这里工作的。

在我们的讨论课上，有两名学员就吹毛求疵所带来的负面影响以及给别人留面子所带来的好处展开了讨论。

宾夕法尼亚州的弗雷德·克拉克列举了一个发生在他的公司里的小故事："有一次在生产例会上，一位总经理对负责生产的检查员提出质疑。他的问题非常具有针对性，并强烈地表达了对检查员不满。这个检查员不想在他人面前出丑，所以再三推卸责任。这位总经理顿时火冒三丈，更加大声地斥责这位检查员，声称他没有一句真话。

"在这几分钟的时间，之前建立起的所有同事情分都彻底崩溃。本来这位检查员是一个不错的员工，可是从那以后，他对公司再也没有任何的贡献。几个月后他离开了这家公司，还去了这家公司的竞争对手那里工作。根据我所了解的，现在他做得比原来强很多。"

另一名学员安娜·马佐尼也在工作中遇到了相似的情况。因为处理方式和上例完全不同，所以结果也相距甚远。马佐尼女士是一家食品包装机公司的市场专员，为新产品做试销是她的主要工作。她告诉我们："记得有一次，试销结果出来的时候，简直把我吓坏了。我之前的计划出现了一个很严重的错误，所以所有的试销计划都得推翻重做。更让我难过的是，很快我就要把研究成果向全公司的人汇报，在这之前，已经没有时间找领导商量了。

"该我做报告的时候，我简直害怕极了，身体一直在发抖。我尽力控制自己的情绪，保证自己一定不要晕过去。我在心里告诉自己要坚强，绝对不能哭出来，更不能让那些男人觉得我们女人太感情用事，根本承担不了管理的工作。我简单地把我的报告阐述了一遍，还表示因为我之前所犯的一个极为严重的错误，下次开会的时候我会重新做一份报告。说完之后，我紧张地坐下来，等着领导的训斥。

"没想到领导不仅没有训斥我，还对我表示感谢。他鼓励我说，在新项目上犯点错误是不可避免的，他相信我重新做的报告一定会准确无误。当着所有同事的面，他给了我足够的信心和勇气，让我感觉到自己已经很努力了，这次失败是由于经验不足，并不代表我的能力不够。

"会议结束后，我扬着头离开了会议室，心里暗暗想下次一定不会让领导失望。"

即使我们都是对的，别人出现了错误，可是如果我们使别人丢尽面子的话，结果只会让我们自毁形象。法国传奇作家安东尼·德·圣埃克苏佩里这样写道："我们并没有去指责甚至去做一些使对方自损形象的事情的权利。我们如何看待他并不重要，重要的是他自己如何认识自己。伤害别人的自尊心也是一种犯罪行为。"

如何激励他人走向成功

我有一个名叫皮特·巴洛的老朋友，他的一生都跟着马戏团四处奔波，他超级喜欢杂耍。我很喜欢看皮特为马戏团训练小狗。我发现每当一只小狗有一点进步的时候，皮特总是会上前拍拍它，并且给小狗肉吃，还会做一个很夸张的手势鼓励小狗。

这并不是什么新奇的技巧，近百年来，几乎所有的动物驯养员都在使用这样的方法。

让我感到困惑的是，当我们试图改变他人的时候，为什么不使用同样的方法来尝试一下呢？我们为什么不能把鞭子转换为肉呢？我们为什么不去称赞他人，而非要对他人进行批评或者指责呢？让我们来称赞别人吧，即便他们只是取得了最微小的进步也没有关系，赞扬他人会有助于他们进步向前，奋斗不止。

心理学家杰斯·莱尔在他的著作《宝贝，虽然我所拥有的很少，但是我会把我的全部都给予你》中写道："称赞他人就如同阳光一样让人温暖。我们缺少了它就没有办法生长、开花。但是，生活中总是有一些人只会大力地批评他人，从来不愿意把温暖的阳光给予别人。"

回想一下我们的生活，我们会发现区区几句赞扬的话会给我们的未来带来很大的转机。你的生活难道不是这样吗？漫长的历史长河中，有非常多的事例可以说明因为称赞他人而得到意外效果。

比如说，多年前有一个10岁的男孩在那不勒斯的一家工厂里做工。他非常希望自己可以成为一名歌手，可是他受到了启蒙老师的打击。"你压根儿就不是唱歌的料，"老师说，"你的嗓音真的很糟糕，听上去就像拉风箱一样。"

小男孩的母亲则亲切地揽着他的肩称赞他，并称自己知道儿子唱歌好听，而且自己也已经看到了儿子的进步。为了鼓励儿子，她把自己买鞋的钱存下来让儿子去上音乐课。由于母亲的鼓励和赞扬，这个男孩的命运发生了改变。这个男孩就是恩里科·卡鲁索，后来他成为那个时期著名的歌剧演员。

19世纪初的伦敦，有一位少年立志成为一名作家。可是现实总是很残酷，他只接受了4年的学校教育，他的父亲也由于还不起债而进入监狱。这个孩子经常饿着肚子，他吃尽了苦头才在一家仓库里找到了一份给涂料瓶子贴标签的工作。夜里，他和两个贫民窟的孩子一起在简陋的阁楼里睡觉。由于他很怀疑自己的写作水平，担心会被别人嘲笑，初稿完成后，夜深人静时他便偷偷溜出来把手稿寄走，这样就不会有人笑话他了。他一篇接一篇地投稿，虽然没有拿到一个先令的稿费，但是有一位编辑称赞了他。能够得到编辑的称赞，他开心极了，瞬间信心大增。直到有一天，他的作品终于发表了。

发表这篇文章所得到的称赞以及认可使他的整个生活发生了改变。如果不是那位编辑的鼓励，也许他一辈子都会在那个肮脏的仓库里工作了。这个男孩你也许听说过，他就是查尔斯·狄更斯。

还有一个为了维持生计在一家纺织品商店里打工的伦敦男孩。每天早上5点钟他就必须起来打扫店面，每天都要拼命工作14个小时。这里的工作极其辛苦，两年以后，他实在无法忍受了。一天早上起床后，他没顾上吃早饭，焦急地走了15英里路去找妈妈诉苦。

孩子不顾一切地祈求妈妈。他哭着说如果还让他在那家店继续工作的话，他一定会活不下去的。之后他又给他的老校长写了一封长信，倾诉他的悲伤和绝望，并且表示自己已经失去了活下去的动力。老校长鼓励他振作起来，并称赞他，说以他的聪明才智，一定可以担任更好的工作，还邀请他回到学校教书。

就是因为这句称赞的话，这个孩子的命运发生了改变，从而给英国的文学史带来了很大的影响。这个男孩后来写出了无数的畅销作品，用他手中的笔获得了百万美元的财富。你也许听说过他，他就是赫伯特·乔治·威尔斯。

"把批评变成称赞"是伯尔赫斯·弗雷德里克·斯金纳一直奉行的基本教育理念。这位当代著名的心理学家通过实验得出论证，强调赞扬，弱化批评，会强化人的美好品行，那些不良的行为会因为无人关注而渐渐消失。

北卡罗来纳州的约翰·金格斯洛夫在对孩子进行教育时就应用了这个原则。很多父母习惯用大吼大叫的方式和孩子交流，但是经过事实论证，父母对孩子大声批评后，孩子反而会变得更糟糕。

金格斯洛夫先生尝试着使用他在课上学到的方式来更好地处理这个问题。他在课上表示："我们应该尝试不要将孩子们所犯的错揪住不放，而是对他们进行称赞表扬。可能这样做起来有些困难，因为我们所看见的大多都是他们所犯的错，要想找到什么值得称赞的事情并不容易。经过用心体会，我们终于找到了一些值得表扬的事情。结果我们惊奇地发现，在受到表扬的一两天内，之前他们身上的小毛病消失不见了。接下来，一些其他的坏习惯也随之消失了。他们开始特别在意我们对他们的称赞，而且做事情的时候总是非常小心，尽可能不犯错误。我和妻子都欣喜万分。当然，我们也不会一直称赞他们，当一切步入正轨以后，他们的行为也变得规矩多了。我们再也不用以前的方式对待他们了，孩子们变得更加懂事、更加听话了。这些成果都是由称赞他们细小的进步所换来的，假如对孩子们所犯的每个错误都加以指责的话，结果绝对不会是这样。"

在日常的工作中，这个原则也一样适用。来自加利福尼亚州的基思·洛普就把这个原则很好地运用到了工作中。公司新来了一位印刷工人，在适应工作方面出现了一些问题。这位印刷工人的上司感到沮丧，认为是他工作态度不端正，因此想把这个印刷工人解雇。

洛普先生获知这个情况之后，亲自来到了这家印刷店，与这个年轻人进行了一番谈论。洛普先生对年轻人说，自己刚刚收到的那份印制文件特别好，并称赞说这份文件是这段时间他所见到的该店印刷质量最好的文件。他还将这份印刷品的优势明确地指出来，并说公司的发展离不开像这位印刷工人一样对工作负责的年轻人。

你觉得这个年轻的印刷工人对公司的看法会不会有所改变呢？没过几天，事态就发生了很大的转变。这个年轻的工人把这段话和好几个同事进行了描述，他非常高兴在公司里会有人这样欣赏他的卖力工作。从那个时候开始，他就成了一名忠诚尽职的员工。

洛普先生并没有简单地对这个年轻的印刷工人进行夸奖，而是具体地指出这位员工的工作表现好在什么地方。正是由于洛普先生把对方的具体成就指了出来，而不只是平淡地进行表扬，所以才会对被称赞者产生更好的影响。我们每个人都希望得到别人的认可，如果让称赞变得更加具体化，这种称赞就会显得更加真诚，让人明白这些赞美是有依据的，并不是别人随便说出的安慰你的话。

人们都希望得到别人的赞美以及认可，而往往为了能够得到别人对自己的赞美以及认可，我们愿意付出更多，但是没有人愿意听到虚情假意的赞美。

重复一遍：只有你对别人付出真心的时候，书中所讲述的原则才可能发挥出你想要达到的效果。我并不是在向大家展示一些巧妙的戏法，而是在讲述一种新的生活方式。

说到改变他人，如果我可以启发自己身边的人意识到自己的潜在品质，那么其意义不仅仅是改变了他们，甚至可以说是重塑了对方的人格。

听起来有些夸大其词吗？那好，接下来我们来读读美国最著名的心理学家、哲学家威廉·詹姆斯的箴言吧：

> 与我们本身所具备的潜能相比，我们仍然还处于半模糊状态，我们也只是发挥了一小部分的力量。更直接地说，人类个体还远远没有达到我们所期望的，人们往往会囿于自身习惯，并没有把与生俱来的能力发挥到极致。

完全正确，正在读着这本书的你们都拥有很多能力，但是你们已经习惯性地不去使用；称赞他人就是其中一项你们也许未尽其用的能力，你的称赞可以使他人发现自身潜在的能力。

潜在的能力就像花蕾一样，它们会在批评中枯萎，在激励中绽放。如果要成为一个卓越的领导者，就请你尽可能地去称赞他人吧，哪怕是一点的进步也不要放过。

肯定对方的价值

假如一个一直都表现比较好的员工开始消极地对待工作，你会怎么做呢？把他开除？可是这样处理并不会让问题得到解决；你也可以选择训斥他一番，但是这样做会让他对你更有意见。亨利·亨克在印第安纳州洛厄尔的一家大型卡车经销店里担任服务部经理，他部门的一名机械师对工作一直都非常认真负责，可是现在他的工作成绩突然下降得很厉害。亨克先生并没有一上来就训斥他一顿，而是把他叫到办公室里谈心。

"比尔，"他开口说道，"你是一个特别优秀的机械师。这个工作你已经从事了很多年了，你的工作态度特别好，公司对你非常信任，你的工作业绩也是很出色的。近期你的修理完成的时间越来越长，工作质量也不如之前的水平。由于你一直表现得很出色，所以你应该知道我对你现在的表现不是很满意，相信我们可以一起找到改进的方法。"

比尔回答说他自己并没有意识到自己近期工作表现有所下降，并向经理保证自己可以胜任目前的工作，未来一定会继续提高专业水平。

那么，比尔后来说到做到了吗？毫无疑问，他真的做到了。他又成为从前那个维修速度最快、维修质量最好的机械师了。亨克先生对他的期望那么高，他一定会比从前更加努力工作的。

萨缪尔森·华艾是鲍尔温机车工厂的总裁，他曾经说过："如果你可以得到别人的尊重，并对他某方面的能力表示尊重的话，那么你的意见会很容易被人接受的。"

也就是说，如果你希望某人在某个方面有所改进，一定要表现出你已经对他在那个方面比较信赖。莎士比亚曾经说过："假如你并不具备某种品质的话，就装作你已经具备好了。"不妨相信对方已经拥有你所期望他们养成的某种品质，同时还要把他所具有的这种品质公开宣布，这是一个很好的做法。把一个好名声给予他人，他们就会为了这个好名声而努力，绝对不会辜负你的。

乔吉特·勒布朗在她的著作《纪念我与梅特林克的生活》中提到了一个出身贫困的"比利时灰姑娘"的惊人蜕变。

她写道："隔壁酒店的一位女服务生为我送来了美味的食物。人们都称她为'洗碗工玛丽'，因为她之前是做帮厨的。她长得有些古怪，眼睛有些歪斜，还有罗圈腿，从上到下都让人觉得卑微不堪。

"有一次，我点了通心粉让她给我送来的时候，我很直接地对她说：'玛丽，我想你似乎没有注意到自己身上有多少可贵的东西。'

"玛丽站在那里愣了半天，以为是惹了什么麻烦。之后她把盘子放在桌子上面说：'夫人，我并不知道自己的身上有什么可贵的东西。'对于我所说的话，她并没有提出任何的疑问。随后她回到了厨房，把我刚才对她说的话复述给大家。没有人开她的玩笑，这就是信任的力量。从那以后，人们都比以前更加尊重她了，而最让人感到惊奇的是玛丽自身的变化——她相信一定有一种看不见的神奇力量在她的身上。所以，她开始用心地保养脸部以及身体，仿佛已经干涸的青春在她的身上又重新绽放，完好地掩盖了她的不足和缺陷。

"两个月后，她宣布和主厨的侄子订婚。她说道：'我将变成一位太太了。'她把这个好消息告诉我并向我表达了她的感激之情，没想到只因为我短短的一句话，居然可以让她发生如此大的改变。"

比尔·帕克在佛罗里达的一家食品厂做销售工作。公司马上就要推出新产品了，他感到很开心；但是当他向一家大型独立食品市场的经理推销产品的时候却遭到了对方的拒绝，他变得极度沮丧。为此，他想了一整天，最后决定在回家之前再去试一试。

他说道："杰克，今天早上我从这里离开以后，意识自己并没有为您介绍全面。希望您可以再给我一些时间听我把早上忽略的几点讲完，我会非常感激您的耐心倾听，也会尊重您的最终决定。"

杰克会不会给他第二次机会呢？他当然不会拒绝，而且还给了他十分高的评价。

马丁·菲茨赫是一名牙医，来自爱尔兰都柏林。一天早上，一位患者在漱口时告诉他，杯座看上去有点脏。其实患者都是使用纸杯漱口的，并不会用到那个杯座；但是这种生了锈的仪器出现在诊所里，确实会让人对医生的专业性产生怀疑。

这位患者离开以后，菲茨赫医生回到了他的办公室，立即给保洁员布里吉特写了一个便条。他写道：

亲爱的布里吉特：

最近我很少看见你，但是我要对你说声谢谢，感谢你一直这么细致入微地工作。对了，顺便提议一下，如果想把办公室全部打扫干净，每次工作两个小时实在有些紧张。假如有一些需要隔一段时间才清洁一次的东西，比如把那些漱口杯座擦干净的活儿，希望您偶尔再多做半个小时。当然，我会把额外多出半个小时的工资付给您。

"当我第二天走进办公室的时候，"菲茨赫医生说道："我的办公桌变得如同镜子一样闪亮，椅子也洁净如新，我真的很开心。当我走进诊室的时候，看到杯座既闪亮又干净！由于我给了这位保洁员非常高的评价，所以她这次的工作表现完全超出了从前。那么，达到这样的效果，她使用额外的时间了吗？就像你猜想的一样，一分钟的时间都没有多用。"

俗话说得好："如果把坏名声强加给一个人，就相当于将其逼上绝路。"所以不妨试着给他一个好名声，看看由此带来的改变。

露丝·霍普金斯太太在纽约的一所小学担任四年级的教师。开学第一天，她翻开班级名册的时候，心情立刻变得忐忑不安起来——有名的"捣蛋鬼"汤米的名字出现在名册里。之前经常听到教三年级的老师对其他同事抱怨汤米，说汤米特别调皮捣蛋，多次严重违反学校纪律，而且越来越糟糕。他唯一的优点就是有很强的快速学习能力，对所学习的知识可以特别轻松地掌握。

霍普金斯太太决定立即着手解决这个"问题汤米"。在欢迎新同学的时候，她特意对每一个同学都做出了评价："萝丝，你的裙子很漂亮""艾丽西娅，有人跟我说过你舞跳得很棒"。轮到汤米的时候，她望着他的眼睛说道："汤米，我知道你天生就是当领导的料。这个学期就靠你来帮我把咱们班变成四年级最优秀的班级了。"

在随后的几天里，霍普金斯太太一直强调对汤米有信心，还称赞汤米所做的每一件事，说能看出他是一个好学生。一个9岁的小男孩听到老师对他如此的评价，怎么可能辜负老师的期望呢？事实上，汤米也的确没有让霍普金斯太太失望。

如果你也想成为一名让大家都尊重的领导者，试图改变他人的态度或者行为，那么，请你遵守这个原则吧。

学会鼓励他人

我有一个单身多年的朋友，他的未婚妻希望他可以去学习跳舞。他给我讲了这样一件事。他说："上帝知道我有多么需要学习跳舞，因为20年前我就是这样跳舞的，现在依然没有改变。教我的第一个老师说的也许是事实，她指出我舞步杂乱，我得把以前学过的动作忘记，再重新学。可是她的这几句话使我失去了自信，我再也没有勇气继续跳下去了，所以我就不到她那里去学习了。

"也许我的第二个老师在欺骗我，可是她说的话我却很爱听。她轻描淡写地指出我的舞步也许有些过时，但是我的基础很好。她还保证我在很短的时间内就可以掌握新的舞步。第一个老师总是在强调我的错误，让我感到很沮丧；而这位老师则刚好相反，她总是会发现我的优点，淡化我的错误。'你天生就有跳舞的潜质，'她这样说，'你绝对是一个天生的舞者。'我告诫自己，其实我只是一个学跳舞的中年人，但是在我的内心深处，我总是愿意去相信她所说的那番赞美的话。当然，她这样说也许只是因为我付给了她学费，但是那又有什么关系呢。

"不管怎样，如果不是她称赞我是一个天生的舞者，我就不会跳得像现在这样好。她的话给我了鼓励和希望，让我更加有信心不断提升自己。"

如果你对你的孩子、你的爱人或者你的员工说他在某件事情上笨手笨脚的、没有任何可取之处，对他说这件事办得实在糟糕，那你就会把他想要进步的信心毁掉。如果反之，给予他赞美和鼓励，让这件事情看上去能够轻松地完成，让他感受到你对他的信心，也相信自己具备这样的能力，那么他的潜在天赋就会被调动起来，他会努力地去做，一直到自己满意为止。

劳维尔·托马斯是人际关系的大师，他就经常使用这样的技巧。因为他知道给予别人赞美的重要性，因此经常激励别人努力向前。一个周末的晚上，我来到托马斯的家中做客，他们邀请我参加他们的桥牌友谊赛。桥牌？我不会玩，我从来都没有接触过。对我而言，这个游戏就是一个谜团，所以我说：不行，我玩不了！

劳维尔说道："戴尔，你可以玩，桥牌并没有什么技巧，只需要记忆力和判断力就可以，其他的都不重要。你之前不是写过有关记忆的文章吗？桥牌肯定难不倒你的，来吧，你肯定会喜欢的。"

我还没有反应过来，就已经心动了；只是因为别人说我对桥牌有天赋，我便有生以来第一次坐在了桥牌桌的前面了，而且这个游戏真的并没有我想象中那么复杂。

说到桥牌，我又想起了埃利·克勃森，他写的有关桥牌的著作被译成十几种文字，销售超百万。然而他却告诉我，如果不是因为曾经有一个年轻的姑娘称赞他对桥牌有天赋，他不可能会把打桥牌当作自己的职业。

1922年他刚来到美国的时候，曾经试图要在高校找一份教授哲学或者社会学的工作，但是却未能如愿。之后他卖过煤，还做过销售咖啡的工作，但是都没有成功。

他一直把桥牌当成业余爱好，从来没有想过自己还可以教别人打桥牌。开始的时候，他的桥牌打得并不好，每次他玩牌的时候总会遇到许许多多的问题；牌局结束以后他还会刨根问底，所以别人都不喜欢和他一起玩。

后来，他和一个漂亮的桥牌老师约瑟芬·狄隆一见钟情，并且恋爱结婚了。约瑟芬发现他在分析牌局的时候特别认真，于是称赞他在牌桌上是一个天才，以后一定会成为大师级的人物。克勃森告诉我，他就是为了这一句认可，下定决心要把桥牌当成自己的职业。

克拉伦斯·琼斯是我们课上的一名教师，她告诉我们鼓励和淡化错误是多么重要。由于她对儿子的鼓励；使她儿子的生活发生了彻底的改变，由此也改变了儿子的一生。

"我的儿子叫大卫，15岁的时候他来到辛辛那提和我一起生活。3岁的时候，他在一场车祸中头部受了伤，前额上留下了一条很长的伤疤。那个时候他上的都是专门为学习迟缓的学生设立的特殊课程班。学校领导觉得大卫的脑部受损，不可能跟上正常的学习节奏。当时他只读到七年级，乘法表都不会背，做算术题的时候还要掰着手指算，也几乎没有读写能力。

"但是大卫有一个优点很让人欣慰，就是他喜欢研究收音机和电视机，并且他的理想就是要成为一名电视技术员。我对他的想法表示赞同，并且指出他一定要认真学习数学。为了帮助大卫学好数学，我们做了4套加减乘除闪光抽认卡片。每当他算对的时候，特别是他把之前算错的题目算对的时候，我都会对他进行一番称赞。后来，他惊喜地发现，原来学习是一件非常轻松而且好玩的事情。

"在不断的练习下，大卫的数学成绩突飞猛进。掌握了乘法以后，数学对他而言就变得极其容易了。之后他的数学成绩居然得了'B'的高分，远远超出了从前，他高兴极了。随之而来的是其他让人难以置信的改变：他的阅读能力迅速提升，而且他在绘画方面的天分也显露出来了。这个学年快结束的时候，他的科学老师给他安排了一项任务，让他利用很多复杂的模型把杠杆的不同作用进行展示。这不但要用到绘画以及制作模型的技巧，还会应用到数学的知识。他的展品在他们学校的科技博览会上被评为第一名，还在整个辛辛那提市获得了第三名的好成绩。

"他成功了。这就是那个被称之为有'大脑缺陷'的孩子，现在同学们都称他为科学怪人'弗兰肯斯坦'。那么后来又会怎样呢？在接下来的日子里，他的成就一直名列前茅，高中的时候他还被评选为国家荣誉协会会员。一旦让他觉得学习是一件既轻松又快乐的事情，那么就会影响他的一生。"

这一点很重要，假如你希望他人进步，一定不要忘记这一点。

让他人乐于按照你的建议行事

1915年的美国正处于一片恐怖的气氛之中。仅仅一年多的时间，欧洲人使用前所未有的血腥手段，接二连三地对美洲大地进行攻击。这片大地上还会再有和平之日吗？没有人知道结局如何，但是第28任美国总统伍德罗·威尔逊决意一试。他准备派一名亲信冒险去和欧洲的军阀们进行谈判。

听到这个消息，美国国务卿的一位和平倡导者威廉·詹宁斯·布莱恩，希望可以为国效力，因此，他踊跃报名要担当这个重任。但是，威尔逊总统并没有指派他去，却选择了另外一个人——布莱恩的密友兼顾问爱德华·豪斯上校。豪斯本人并不想伤害布莱恩，但是又不得不把这个消息告诉布莱恩。

"布莱恩听说我将会作为和平使者去欧洲的时候，看上去显得特别的失望。"豪斯上校在他的日记中写道，"说他本来想要自己去的……"

"我对他说，总统认为这件事最好还是不要太声张的好；如果您出访一定会引起更多人的关注，人们都会好奇为什么您会去欧洲……"

你能理解这句话所隐含的意思了吗？其实，豪斯是在暗示布莱恩，这项任务并没有重要到非得他出面不可。布莱恩听了这番话，内心自然很受用。

豪斯上校懂得维护人际关系的重要准则，处理事情非常圆滑。他十分擅长使人心甘情愿地去做他所建议的事情。

威尔逊总统在邀请威廉·吉布斯·麦卡杜加入内阁的时候，同样也是遵守了这个准则：这是威尔逊能够授予他人的最高荣誉，而威尔逊邀请麦卡杜的时候也让麦卡杜感受到了自己的重要性。麦卡杜是这样说的："总统表示他正在组建内阁，如果我愿意加入他的内阁担任财政部长一职的话，他会觉得非常荣幸。他说话的方式总是让人感觉特别的舒适。明明是他在给予我荣耀，但是说得就好像是希望我可以帮他一个大忙似的。"

这一准则不但适用于发言人和外交家，普通人也会用到的。从印第安纳州来的戴尔·费里叶对我们讲述了他为了让孩子心甘情愿地做家务，是如何给自己的孩子杰夫做工作的。

站在梨树下采摘梨是杰夫的一项工作，但是杰夫对这项工作并不喜欢，要么就不做，要么就做得马马虎虎。本来我是可以和他正面争论这件事情的，但是我选择了另一种方式。有一天我对他说："杰夫，你可以和我做个交易吗？你每次摘满一篮子梨，我就会拿一美元给你。但是，如果在你的工作完成之后，我在院子里还能看见漏掉的梨，每掉一个梨我就会扣你一美元。你觉得如何？"结果真的如你所料，他不但将所有的梨都摘光了，而且还把树上没有成熟的梨子放进篮子里面。

我有一个朋友，被他拒绝过的演讲邀请不计其数。有些是朋友的邀请，也有些是属于他责任范围内的，他最终都非常巧妙地拒绝了，对于他婉拒的理由，邀请人也感到满意。他是如何做到的呢？首先他会对邀请的人表示感谢，再对自己不能接受这样的邀请而表示遗憾，最后他会建议邀请人换另一个演讲人。换句话说，邀请人找不到任何对他的拒绝表示不满意的机会。在有限的时间内，他让别人的想法发生了改变，而且还建议他们找另一个可以接受邀请的演讲者。

甘特·施密特在西德参加了我们的培训课程。他跟我们讲，在他管理的食品店里，有一个员工做事情总是粗心大意，比如经常把架子上的食品标签放错位置；这样不但会造成混乱，而且顾客也会抱怨。不管是提醒或者警告，有时还会当面跟她说明这个问题的严重性，但是都无济于事。后来，施密特先生把她叫到自己的办公室，让她来做标签管理员，所有架子上面的价签都让她来管理，并让她留意所有的价签摆放的位置是不是都正确。经过这样处理以后，她的态度发生了极大的改变，从那以后她的工作非常让人满意。

听上去是不是感到有些幼稚呢？也许是吧，人们就是这样评价拿破仑的。当拿破仑制造了荣誉军团勋章，他将15000枚十字架发给他的士兵，并授予他手下的18位将军"法国执行官"荣誉的时候，当他把自己的军队称为"大军队"的时候，人们都说他很幼稚。人们还取笑他颁发给这些饱经战火的老兵的都是一些"玩具"而已，但是拿破仑回答道："男人就是被这些所谓的玩具统治的。"

拿破仑就是用授予荣誉和权利的办法取得成功的，相信这个办法你也会用到。比如从纽约州来的欧内斯特·肯特太太，她就利用这个办法解决了她的一件烦心事。有一群孩子总是践踏她的草坪，她尝试着对他们进行批评甚至恐吓，可是没有让事情得到任何改善。然后她想到了一个办法，她把这群孩子里面最捣蛋的那个孩子叫过来，给了他一点权利，并把他称为她的"小侦探"，让他来负责保护草坪，把所有践踏草坪的孩子都赶走。她就是用这个办法解决这个难题的。

如果想要改变他人的行为以及态度，你应该把下面的建议谨记于心：

1.实事求是。一定不要做出你不能履行的承诺。忘记自己的私利，多关注对方的利益。

2.很清楚地知道你想让别人做些什么。

3.要站在对方的立场看待问题，想清楚别人到底需要什么。

4.设想一下假如别人真的按照你的建议去做了，他们能从中得到什么好处。

5.把他人可以从中得到的好处与他们的需求进行比较。

6.当你提出请求的时候，要向对方说明他如何才能从中受益。

当然，我们也可以很直白地下达命令："约尼，明天会有客人来，你去把仓库清理一下，把架子上面的存货都摆放整齐，再把前台擦干净。"我们再来以一种约尼可以从中受益的方式表述一下同样的问题："约尼，现在有一个很紧急的任务要交给你去做。明天我会带几个顾客来我们公司进行参观，但是我们的仓库有一些乱。如果你可以去清理一下，把存货都放在架子上面，再把前台擦干净，那么我们公司会看上去更加有秩序。这样我们公司肯定会给人留下好的印象，你也功不可没。"

这样的建议，约尼一定会非常高兴地接受吗？可能不会，但是我敢保证，一定会比你没有提到他的重要性的效果要好很多。如果你知道约尼对公司的形象也很关心，那么他应该会听从你的安排。

大多数人都认为这样做确实能够改变他人的态度，即使你的成功率只提高了10%；相比之前，你与一个更有能力的领导者的差距也随之缩短了10%，这正是你从中得到的好处。

如果你希望人们会按照你的意愿行事，那么就请你运用这条原则。

第五篇

一封创造奇迹的信

你现在心里在想些什么，我知道得一清二楚。你也许在对自己说："实在是不可思议！一封信怎么会创造奇迹呢？你一定是在夸夸其谈、吸引人注意吧！"

你这样想，我也不会怪你的。如果我在15年前看到这样一本书，我也会有和你一样的想法。你认为"创造奇迹"这个说法很不现实吗？你能这样想很好，我就喜欢有质疑精神的人。我在密苏里州生活了20年，我对那里的人充满好感，因为他们崇尚"眼见为实"。正是因为有那些敢于怀疑、挑战，擅于展现自我的人，人们的想法才会有所进步。

我们把题目设为"一封能够创造奇迹的信"是否准确呢？实际上，这样的措辞并不准确，"创造奇迹"只是一种保守的说法。有人认为我所摘录的信件所得到的效果真的很好，用"奇迹"二字来体现都显得有些苍白。那么，说这句话的人是谁呢？他就是肯恩·戴克，美国最知名的促销员。戴克曾经担任过约翰·曼维尔公司的销售主管，现在高露洁公司的广告部担任业务经理，同时还是美国广告商协会的主席。

戴克先生称他之前给过很多的代理商去信，向他们咨询相关事宜，但是大多信件都是有去无回，只有5%～8%的信有回复。他认为，如果有15%的回复就已经有一定难度了，如果20%的信件都收到回复，那真的是发生了奇迹。

但是，戴克先生的一封信回复率却高达42%，远远超出了预想的效果。希望你不要对这个答案一笑了之，这并不是玩笑，也不是碰巧，更不是偶然，因为还有数十封信也达到了如此高的回复率。

那么，到底戴克先生是如何做到的呢？他是这样说的："通过参加卡耐基先生的'演讲与人际交往的艺术'课程，我在写信的技巧方面有了很大的改进。我之前的沟通方式绝对大错特错，现在我把书里面的原则加以运用，信件的效力就提高了500%～800%。"

下面我们来看看戴克先生创造奇迹的那封信。这是一封希望得到帮助的信，是一封让对方感觉自己受到重视的信。括号里面是我自己的见解。

亲爱的布兰克先生：

我有一个请求，希望能得到您的帮助。

（接下来我们就在脑海中把当时的情景想象一下吧。印第安纳州的一位专门做代理木材的商人收到一封来自约翰·曼维尔公司高级主管的信，他打开一看吃惊极了，一位高高在上的纽约主管在来信的第一行中竟然是请求他的帮助。我可以想象到印第安纳州的这个代理商一定会对自己说："假如这位老兄真的有什么麻烦，他真的是找对人了，他一定知道我非常乐于助人。让我来看一下他究竟遇到了什么样的麻烦呢！"）

我之前让公司相信，我们公司的销售之所以会不断地刷新，是因为有了报销全年通信费用的制度，代理商才会对老客户进行充分的回访。

（那位印第安纳州的代理商也许会说："通信费用的确应该报销，因为这个制度的最大受益者是他们。我们所挣的钱还不够付房租的，但是他们挣的钱都是以万计算的。那么这位老兄所指的麻烦究竟是什么呢？"）

近期，我给正在享受着本公司上述待遇的1600位代理商寄去了调查问卷。值得庆幸的是，有几百个人给我回了信，信中他们全部都表示赞同这样的合作方式，他们觉得这样的合作形式很有益处。

我们现在又新推出了直接通信的制度，我个人觉得你一定会更加欣赏这种新的制度。

就在今天早上，我和总裁讨论去年通信制度的时候，他向我询问了这个制度的收益情况。为了回答总裁的问题，我需要得到您的帮助。

（这句话说得太好了："为了回答总裁的问题，我需要得到您的帮助。"这位纽约的大人物不仅说明了自己所遇到的困境，还向代理商表达了自己最真诚的认可。肯恩·戴克并没有过多地强调公司是多么的重要，而是向对方表明"你"对公司而言非常重要。肯恩·戴克承认，假如不能得到代理商的帮助，他根本没有办法完成总裁所安排的工作。这位印第安纳州的代理商也具有人性的弱点，别人这样对他说话，他当然沾沾自喜。）

以下这两件事，希望您可以成全我：

1.去年的通信制度给您带来了多少笔交易，请在随信寄去的明信片上告诉我。

2.请把这些交易的总额告诉我。

期盼着您的答复，对于您的好心我表示非常感谢。

真诚的

肯恩·戴克

让我们再来看一看在最后一段里面他是怎样强调"您"并且忽略了"我"的，其用词又是怎样体现"您的好心""非常感谢"的。

这是一封非常简单的信，对吗？它使用希望得到成全来给予他人"被重视"的感觉，因此奇迹出现了。

不管你是驾车穿越欧洲，还是销售石棉瓦，这种让人感到舒适的方式都是很适用的。

我那次驱车和霍默·克罗伊穿越法国的时候迷路了，我们把车在路旁停下来，询问当地的农民怎样走才能到最近的城镇。

这个问题的效果是显而易见的。在当地的农民眼里，美国人都是很富有的，而且在这个地方，汽车也是非常少见的。可想而知，在他们看来，能够驱车穿越法国的美国人一定特别富有！我们也许是百万富翁，没准还会是亨利·福特的亲朋呢。我们虽然比他们富有，但还是要毕恭毕敬地向他们询问最近的城镇应该怎么走，这就让他们产生了"被重视"的感觉，他们非常热情地为我们指明了方向。有一位指路人还命令身边的人不要喧哗，自己抓住这个难得的"被重视"的机会，独自享受着这种美好的感觉。

你不妨也试一试这种方法是否奏效。如果你再去一个陌生地方的时候，需要向那些经济条件以及社会地位不如你的人请教，你就可以这样说："不知道您是否方便帮我一个忙？您可以告诉我如何才能到达吗？"观察他们会有什么样的反应。

本杰明·富兰克林就是使用了这样的方法，让一个强大的敌人变为他非常忠诚的朋友。那个时候，年轻的富兰克林拿出自己所有的积蓄开了一家小型印刷厂。他被选为费城议会的书记员后，可以通过这个职位得到印制官方文件的机会。由于印制文件可以给他带来极其丰厚的利润，富兰克林非常重视这个机会。但是在议会中，一位不仅有钱还有权势的富豪一直针对他，还公开在演说中对他进行语言攻击。

这样会对他造成很大的威胁，因此富兰克林希望可以让这个人的态度发生变化。怎样才能做到呢？帮对方一个忙？不行，对方会对他产生怀疑的，甚至还会蔑视他。聪明的富兰克林当然不会自讨没趣，他使用了一个完全不同的办法：请对方帮自己一个忙。

是要向他借10美元吗？肯定不是！这是一个可以取悦对方，让他的虚荣心得到满足的忙。那就是称赞他，很自然地向他表达自己对他的成就以及知识的高度崇拜。下面我们来听听富兰克林亲口讲述的故事的后面部分：

> 当我知道在他的书房里有一本他非常喜爱的书，便写了一封信给他，对他说那本书是我一直希望能够读到的，能不能请他借给我一段时间。
>
> 他特别痛快地答应了。过了一个星期，我把书归还给他，另外还附了一张字条向他表达我的感激之情。

之后我们又在议院里见面了，他居然热情地和我谈论起来，还对我非常的礼貌、友善。从那以后，不管是在什么样的场合，他都十分愿意帮助我。由此，我们成为生死与共的朋友。

虽然富兰克林已经离开很多年了，但是他"请人帮忙"的相处方式一直延续至今，被很多人广为赞扬和利用。

埃尔伯特·阿姆泽尔是水暖材料的销售员，他就是利用这个技巧取得了非常杰出的成就。他希望可以把自己的产品卖给布鲁克林的一名管道工。这名管道工的信誉特别好，生意经营的也不错。开始的时候，阿姆泽尔屡屡碰壁。对方是一名举止粗野、顽固不化、脾气暴躁的管道工。每次阿姆泽尔去找他，推门走进他的办公室的时候，他通常都是一边叼着雪茄一边对阿姆泽尔大声喊道："你赶紧离开这里，我今天没有任何需要买的东西！不要在这里浪费时间了！"

有一次，阿姆泽尔终于和对方达成了交易，因为他采用了新的方法。当时，阿姆泽尔的公司想开一家分店，位置就定在长岛的皇后村里面。这名管道工在皇后村做了很多笔买卖，对当地的环境非常熟悉。所以阿姆泽尔先生说道："先生，我今天是来向你寻求帮助的，不是来推销东西的。你可以给我一点时间吗？"

"是这样啊？"管道工将雪茄掐灭，"说吧，你有什么想问的？"

"我们公司想开一家分店，位置就定在长岛的皇后村里面，"阿姆泽尔先生说，"关于那里的情况，你比任何一个人都要了解，所以我希望你能帮我研究一下，我们公司的决定是否明智呢？"

一直以来，这名管道工"被重视"的感觉都是通过对别人的大声喊叫和命令中得到的，但是现在居然有一名销售员就公司的战略规划向他请教。

"过来，坐下来谈。"他把椅子拉出来让阿姆泽尔坐下。接下来，他把在皇后村开辟管道市场的前景详细阐述了一番。他非常看好分店的所在位置，帮他把地产、货物的购置进行了规划，还告诉了他分店开业的一系列程序。这名管道工从中得到了非常大的成就感。从那以后，他和阿姆泽尔拉近了很大的距离，他们成了非常亲密的朋友。阿姆泽尔还说：

当天晚上，我从他的办公室离开的时候，不但口袋里装了一笔大订单，更重要的是，为今后赢得了更多的合作机会。这位之前多次对我见之不理的冷漠先生现在已经成为我的高尔夫球友了。正因为我请他帮了一个小忙，才会发生这一系列的变化，他也得到了"被重视"的感觉。

另外，肯恩·戴克还有一封信，我们再来欣赏一下吧，看看他是怎样又一次运用"请人帮忙"这一心理策略的。

几年前，戴克先生遇到了一个让他很长时间都觉得很苦恼的事情——他寄给商人、承包人以及建筑师的信，很少能收到他们的回复。

建筑师和工程师的回信率连1%都不到。在他看来，有2%的回复率已经算不错了，如果是3%那就已经非常好了，如果有10%回复的话，简直就是奇迹了。一定要用心来看下面摘录的信函，因为它的回复率高达50%，这个结果相当于奇迹的5倍！甚至有一些回信还长达两三页，信的内容大多都是友好的建议，还有今后的合作意向。

你可以看出，这封信无论是在心理策略的运用还是在措辞方面都和上一封信高度相同。下面让我们认真地阅读这封信，体会一下收信人在读这封信时的真实感受，看看它为什么能够产生5倍的奇迹。

亲爱的多伊先生：

您是否方便帮我一个忙？

一年前，我向公司提出并说服公司的领导印制一本建筑师急需的产品目录，目录里面详细列举出公司所有的建筑材料的名称以及用途。

这本小册子的第一版我随信为您奉上，但是现在这份产品目录已经所剩不多，所以我向公司提出再版建议。对于我的提议，公司的领导都表示赞同，但是他们希望我能证明这份目录的确会发挥其应有的作用。

因此，我要向您求助，希望您可以和全国其他49位建筑师一起对这本书进行评价。

为了您更方便地进行评价，信的背面是我列出的几个简单的问题，还附上了回信的信封。如果能得到您的作答并且将信寄回，我将会感激不尽。

当然，我并没有强迫您回信的意思，只是希望以您的经验和建议，来判断这本目录有没有再版的必要。

不管怎样，我都会非常感激您的配合！

最真诚的

肯恩·戴克

在这里，我要提醒大家注意一下，根据之前的经验，总会有一些人会机械地将这些心理策略原封不动地运用，而并没有真心地去称赞他人，让对方产生受到重视的感觉。如果是阿谀奉承，那么肯定不会产生任何效果。

一定要记住，我们可以用多种方式去对别人表示称赞以及认可，但是没有人喜欢虚伪的奉承。

我再说一遍：只有你对别人付出真心的时候，书中所提到的原则才会发挥它们应有的作用。我并不是要把一大堆的戏法推销给大家，我是在提倡一种新的生活方式。

第六篇

幸福婚姻的7个法则

切勿喋喋不休

法国国王拿破仑三世爱上了美丽的女伯爵玛丽·欧根妮·伊格纳茨，最终他高兴地把她娶回了家。她是多么优雅、年轻而富有魅力，她的美丽使拿破仑三世感到极其幸福。拿破仑三世在一次演讲中，丝毫不畏惧地向全国人民宣称："和一位素昧平生的女子结婚，远远比不上和我所敬爱的女子相守一生。"

拿破仑三世和他的妻子都极其富有、声名显赫，这正是一桩美好的婚姻所需要的条件。这些他们都具备了，从未有过哪一桩婚事如同他们的结合这样完美无瑕。

美好的日子总是那么短暂，这个大家都觉得完美无瑕的婚姻也慢慢地冷却下来。拿破仑三世完全有能力让欧根妮坐上皇后的位置，可是美丽的法国大地并没能让这位皇后停止接二连三的埋怨，即使是拿破仑三世的深厚爱意和皇帝至高无上的权力都发挥不了作用。欧根妮被嫉妒和疑惧所困扰，她不断地羞辱拿破仑三世的命令，甚至容忍不了他有丝毫的秘密。拿破仑三世在处理国家大事的时候，她会毫不顾虑地闯进他的办公室，中断拿破仑三世和大臣们的重要会议。为了防止拿破仑三世和其他女人发生关系，她不允许拿破仑三世独处。

她常常会跑到她的姐姐那里对拿破仑三世抱怨一顿。她经常闯进他的书房，对拿破仑三世恶语相对。拿破仑三世空有几十间华丽的宫殿，身为一国的元首，却找不到一个能够让自己安静下来的地方。

欧根妮这样无理取闹，最后换来的是什么呢？请认真读接下来的这段话，答案就在其中。莱茵·哈特在他的著名作品《拿破仑与欧根妮：一个帝国的悲喜剧》中写道："后来，拿破仑三世经常在夜间从宫殿的一扇小门中出入。他用软帽把眼睛遮盖住，并由一个亲信侍从陪着他到另一个美丽女人的住所去寻找安慰。他还经常在巴黎的城内行走，感受他在皇宫内无法享受的民间生活，感受普通人民的生活。"

这就是欧根妮的无理取闹所造成的后果。没错，她的确坐上了法国皇后的宝座，她也具备倾国倾城的美貌，可是这些都给不了她所期望的永远可以保持鲜活的爱情。欧根妮曾经大声地哭诉道："我最担心的事情终于在我身上应验了！"实际上，这样的结局完全是她自己一手造成的。这个女孩很可怜，这样的后果都是源自于她的嫉妒和唠叨。在不同的可以将爱情毁灭的魔咒中，最可怕的一种就是吵闹。无休止的争吵是破坏爱情最有力的武器，那情形就如同人被眼镜蛇咬到一样，没有任何生还的机会。

大文豪列夫·托尔斯泰的妻子意识到了这一点，但是那个时候为时已晚。在弥留之际，她对自己的孩子们说："都是因为我，你们的父亲才这么早就去世的。"孩子们一声不吭，抱头痛哭起来。她们心里很清楚，事实就像母亲所说的一样，也知道是由于母亲无休止的抱怨、批评和喋喋不休害死了父亲。托尔斯泰是一位举世闻名的小说家，他的两部著作《战争与和平》《安娜·卡列尼娜》永远被世界人们称颂。

然而，列夫·托尔斯泰的生活却很不幸，其根源就在于他的婚姻。他的妻子喜欢奢华，他却不喜欢；他的妻子沉迷于功名利禄，但是托尔斯泰却从不把名利放在眼里；他的妻子渴望金银珠宝，但托尔斯泰却把财富以及私人财产视为罪恶。就这样度过了好多年，他的妻子一次又一次的漫骂、哭闹，主要是因为托尔斯泰坚持将著作免费出版，版税分文不取，他的妻子却希望这些书可以给他们带来丰厚的收益。不管妻子如何埋怨或者责骂，他都无动于衷。最后他的妻子甚至躺在地板上打滚儿，还威胁丈夫说如果他再不同意她就会跳井自尽。

这应该是他的婚姻生活中最令人伤心的一幕。在他们起初步入婚姻的时候，这对夫妻曾经是那么的幸福。但是48年过去以后，托尔斯泰却连看妻子一眼都不愿意。一天深夜，这位人老珠黄、伤心欲绝但是仍然渴望爱情的妻子在丈夫面前跪下，希望他再为她诵读一遍往日的情书。当他读到那些美好快乐时光已经逝去的时候，这对老夫妻都泪流满面，默默无言。这时的生活和他们之前所期望的生活简直一个在天上，一个在地下。

1910年10月的一个晚上，82岁的托尔斯泰再也无法忍受这桩不幸婚姻的重压，趁着夜色逃出家门，独自消失在屋外的茫茫大雪中，可是他并不知道该去往何处。

十一天过后，他因肺炎恶化，在一个火车站凄凉地死去了。他临死时留下唯一的遗言竟然是拒绝与妻子见面。这就是列夫·托尔斯泰的妻子为她不休止的抱怨和唠叨所付出的代价。

读者们也许会想，她的抱怨可能不无道理。这一点我们承认，但是即便这样，也是另外的一个问题。现在的问题是：她这样无休止的抱怨是能让他们的婚姻更幸福，还是会让事情更加恶化呢？"我真认为自己是个疯子"，事后托尔斯泰夫人是这样评价自己的，然而一切都不会再重来了。

亚伯拉罕·林肯的婚姻也是他一生中最大的悲剧。值得一提的是，被刺并不是他一生中最大的悲剧，他最大的悲剧是他的婚姻。当刺客布斯开枪的时候，林肯并没有意识到自己已经不幸中弹；然而23年以来，就像他的律师合伙人赫恩登所讲述的那样，在他23年的婚姻生活中的每一天，他都被"不幸的婚姻之苦"所折磨。在这23年里，林肯太太每天不停的唠叨简直让他痛不欲生。她总是看不惯丈夫做的任何事情，不停地在丈夫的耳边抱怨，挑他的毛病。

在她看来，林肯没有做过一件对的事情。她嫌弃他走路的姿势太难看，说他弯腰驼背，还称他抬腿的时候像印度人一样僵硬，抱怨他的步伐一点活力都没有，没有一点优雅气质，甚至还学他走路时的样子讥讽他。

她不喜欢林肯的两只大招风耳，说他的两只耳朵正好和头形成直角，还抱怨他的鼻梁不挺，下嘴唇太突出，头以及手脚都长得太大，看上去就如同痨病鬼一样。

不管是在受到的教育、家庭背景、脾气秉性，还是在个人品位、思想境界上，亚伯拉罕·林肯和玛丽·托德·林肯都有非常大的差异，所以他们总是口角相争。

当时正在研究林肯传记的最著名的权威专家埃尔伯特·贝弗里奇曾经表示："林肯夫人的声音极其尖锐刺耳，隔着一条街都能听得清清楚楚。住在附近的街坊邻居经常会听到她不断的怒吼。好多时候，除了言语的侮辱，她甚至还会用暴力手段来发泄怒气。她总会找到很多发火的理由，因此每次吵架都是理直气壮的。"

林肯先生和太太结婚后没多久，就与雅各布·欧丽太太住在一起。欧丽太太是斯普林菲尔德一位医生的遗孀，丈夫过世以后，她不得不把房屋出租，用租金来维持生计。

一天早上，林肯和太太正在吃早餐的时候。不知道出于什么原因，也许是林肯的某个举动激起了太太的怒火，暴怒的林肯太太拿起一杯滚烫的咖啡，当着所有租客的面。朝着丈夫的脸泼了过去。林肯先生什么话都没有说，只是沉默地坐在那里一动不动。欧丽太太赶紧拿来湿毛巾，将他脸上以及衣服上面的污渍擦去。

然而，林肯是否因为她的喋喋不休以及责备有所改变呢？在某种意义上，答案应该是肯定的。他对她的态度确实有所改变。林肯非常后悔和她结婚，并尽可能地避免和她相见。他宁可一人孤孤单单地在外面，也不想回到家里面对太太无休无止的抱怨和指责。

林肯太太、欧根妮皇后和托尔斯泰夫人无休止的抱怨和指责没有给她们带来任何好处，最终等待她们的只是不幸的结局。她们亲手把自己曾经视若珍宝的东西葬送，生活最终变成了一场悲剧。

贝茜·汉博格在纽约的家庭关系法庭任职了11年，处理过上千起离异的案件。她指出："大多数的男人选择放弃妻子的原因都是由于妻子无休止的抱怨和指责。正如《波士顿邮报》所说的那样：'妻子的步步紧逼，将婚姻送入坟墓。'"

因此，假如你希望婚姻幸福，一定要记住：切勿无休止的抱怨和指责。

别用爱绑架对方

迪斯雷利是英国非常有名的政治家、小说家,他说过:"在我的一生中犯过很多错误,但是有一件事我非常坚定,我绝对不会因为爱情而结婚。"他也的确是这样做的,他35岁的时候决定结束单身生活,向一个比他大15岁的很富有的寡妇玛丽·安妮求婚。你觉得他们之间会有爱吗?当然没有,这位妇人也知道他并不爱她,她很清楚他决定娶她只是为了她的钱!所以,她只对他提出了一个小小的要求:希望迪斯雷利给她一年的时间,这样她就能更了解他的脾气秉性。一年之后,他们便结婚了。

听上去,这段婚姻简直就是赤裸裸的金钱交易,对吗?但是现实却是,迪斯雷利夫妇的婚姻却比大部分人的婚姻幸福得多。

迪斯雷利迎娶的这个有钱的寡妇既不年轻也不漂亮,更谈不上聪明。她对文学和历史一无所知,而且经常会犯一些常识性的错误,从而成为大家的笑点。她竟然搞不清楚是希腊人在先还是罗马人在先。在穿着上一塌糊涂,对室内装修风格也是一窍不通。但是她在掌握男人方面却是一个天才,这是幸福婚姻中非常重要的特质。

她从未利用自己的这一优点和自己的丈夫斗智斗勇。每次迪斯雷利和那些聪明风趣的公爵夫人聊了一整天,精疲力竭地回到家后,她就陪他闲聊,让他感到放松。在她看来,家应该是一个可以使他放松下来的地方，是一个可以静静地享受着妻子的满满爱意的港湾。他一生中最为幸福的日子就是和自己这位成熟又善解人意的妻子在家中一起度过的时光。妻子既是他的红颜知己，也是他的朋友和参谋。每天下班以后，他总是迫不及待地从众议院赶回家，给妻子讲述这一天发生的事情。非常重要的一点就是，不管他做什么，妻子都会全力支持他，并且相信他一定会成功。

30年的时间，玛丽·安妮都是为迪斯雷利而活，也只为他一个人而活，财富在她眼中只是帮助丈夫的工具，她珍视财富的原因也是由于它可以让丈夫的生活更加安逸。为了报答妻子，他也将她视为生命中唯一的女神。

不管妻子在公众面前表现得多么无知，迪斯雷利从来都没有批评过她。在妻子面前，他从来没有说过一句责备她的话。如果有谁敢在迪斯雷利面前嘲笑他的妻子，他一定会为妻子辩护。虽然她只是一个平凡的妇女，但是嫁给迪斯雷利之后，30年来她总是称赞着自己的丈夫，倾慕自己的丈夫。结果怎样呢？迪斯雷利曾经说："我们已经一起生活了30多年，但是我从来没有厌倦过她。"

迪斯雷利还毫不犹豫地认为，妻子是他一生中最值得去爱和感谢的人。他的妻子也表示："正是因为他的爱，我们的生活才无比的幸福与甜蜜。"他们两人之间曾经有一个小笑话。迪斯雷利说："就是因为你的钱我才决定娶你的，你知道吗？"而妻子笑着对他说："我知道，但是如果再给你一次选择的机会，你一定会因为爱我才会娶我的，不是吗？"他不得不承认妻子所说的话。没错，妻子有很多缺点，但迪斯雷利的高明之处就在于让他的妻子做自己。

就像亨利·詹姆斯说的那样："与人交往中最重要的第一件事就是，我们要学会尊重对方，不要对他独有的生活方式过多干涉。"

请记住这个重要的观点，我再重复一遍："与人交往中最重要的第一件事就是，我们要学会尊重对方，不要对他独有的生活方式过多干涉。"

就如同利兰·福斯特·伍德在他的作品《在家庭中一起成长》中提到的那样："成功的婚姻不仅是在于要找到合适的对象，更重要的是自己也要当一个称职的对象。"

如果你希望婚姻美满，请不要过多地干涉对方。

停止相互指责

伟大的英国政治家格莱斯顿是迪斯雷利的政坛宿敌。在公众场合，这两个人在每个事关国运的议论话题上都要争论一番；但是这两位政治家却有一个相同的地方，就是他们的家庭生活都非常幸福。

威廉·格莱斯顿和他的妻子凯瑟琳在一起生活了将近60年。在这近60年的岁月里，他们彼此的爱意从来没有改变过。我很喜欢想象这位向来都很严厉的英国首相紧握着妻子的手在壁炉前翩翩起舞，还哼唱这首歌的情景：

> 老夫老妻，即便贫穷，衣衫褴褛，尽管生活喜乐无常，也牵着手一起微笑走过。

尽管在公众面前格莱斯顿是一个狠角色，但他对待家人却和蔼可亲。早上，如果他下楼准备吃早饭，看见家人还在睡觉，他就会提高嗓音唱起圣歌来提醒家人，全英国最忙碌的男人正在楼下一个人孤独地等着吃早餐呢。格莱斯顿有自己的外交方式，但是他对家人的关照却无微不至，在家里他总是既通情达理又善解人意。

凯瑟琳大帝通常也是如此。凯瑟琳在位的时候统治着全世界最庞大的帝国，她在政治上冷漠无情，喜欢发动无用的战争，把自己的敌人送上断头台。但是，如果厨师不小心把晚餐烧煳了，她却什么都不会说，只是默默地把饭吃完。她的这种宽容的方式值得每个男人在家中效仿。

一位研究不幸婚姻生活的权威人士多萝西·迪克斯称，整个美国有一半以上的失败婚姻，而导致这么多的浪漫美梦不复存在的最主要因素，多半都是由于责备，没有任何作用而且使人心碎的责备。

因此，如果你希望家庭生活更加幸福美满，一定要记住请勿责备对方。

学会欣赏爱人

洛杉矶家庭关系研究所所长保罗·波普诺曾经说过这样的话："大部分的男人在寻找另一半的时候并不是要找一个有能力的女子，而是在寻找一位可以让他们虚荣心满足、让他更有优越感并且欣赏自己的女性。"所以，当一位未婚的女主管被男士约去吃饭的时候，如果这位女主管很自然地把她的渊博的知识拿出来谈论，晚餐结束后还坚持要自己买单，那么结果会怎样呢？从此以后她就只能独自一个人用餐了。

如果是一位没有受过高等教育的女打字员就恰恰相反。如果和男伴一起共进晚餐的话，她会用很敬仰的神态注视着她的男伴，带着一脸仰慕的神情说："多给我说说关于你自己的事吧。"结果会怎样呢？这位男士会跟别人说："虽然她不是很漂亮，但是和她聊天让我很开心，从来没有任何人让我觉得这么有成就感。"

对于女人在打扮和衣着上所花费的工夫，男士们应该给予称赞，可是他们往往会忘记了这么做。只要稍微留意一下，就会发现女人是多么的重视衣着。假如街上散步的一对男女遇到了另外一对男女，女人们往往很少会留意对面过来的这位男士，她们关注的大多是对面的那个女子是如何装扮自己的。

我祖母在她98岁那年离开了我们。在她去世之前，我们拿了她很久以前的一张照片让她看。那个时候她的眼睛已经模糊不清了，但是她却问了我们这样一个问题："我身上穿的是什么衣服？"我们可以想想看，一个如此高龄的老妇人，即使卧床不起，记忆力也衰退到几乎记不清自己孩子的模样，却对自己拍这张相片时穿的什么衣服追问不已。那个时候，我就坐在老祖母的床边，她问这句话的场景至今我依然记忆犹新。

看到这些字的男士们，也许记不清楚自己5年前穿的是什么样的衣服；对于这些，男人们似乎没有丝毫的兴趣。但是，对于女人而言就大不一样了，这一点男人们一定要记清。法国上层社会的男孩子都接受过这样的训练，他们知道怎样称赞同行女士的服饰以及帽子，甚至一天之内称赞好几次。很多法国男士在这件事情上都不会出错。

我之前讲述过一个故事，即使在现实生活中不可能会发生这样的事情，但是这其中蕴含着一个很重要的真理，所以我要把这故事再讲述一遍。

结束了一整天的辛苦劳作后，农妇回到家里，把一堆干草扔在自家男人的饭桌上。男人愤怒地质问她："发什么疯？"她回答道："怎么了，我怎么会知道你对此会介意？20年以来，我每天都为你煮饭做菜，你倒是让我知道你需要吃饭，而不是吃草啊！"

莫斯科和圣彼得堡那些食不厌精的贵族，在注重礼貌这方面可比这些农夫好上一百倍，注重礼貌已经成为他们的一种习惯。每当他们吃完一桌可口的饭菜时，一定会要求主人把主厨叫到餐厅来，并当面称赞他们。

这么好的方法，为什么不在你的太太身上试一试呢？当她把一盘烧得美味可口的饭菜端到饭桌上的时候，你就对她说这盘菜烧得好极了，口感非常好！让你的太太知道你懂得欣赏，让她知道你非常感谢她没有让你去吃草。著名的美国演员和企业家德克萨斯·奎因曾经说过："好好赞扬一下你身边的这位女士吧。"

不要担心你的太太知道她在你的幸福生活中起到多么重要的作用。从英国最杰出的政治家迪斯雷利身上，我们可以看到，他从来都不耻于让全世界知道"对于他的太太给予的帮助，他是多么的感谢。"

几天前，我在翻阅杂志时看到一篇文章。那是一篇采访喜剧演员艾迪·康托尔的文章。

艾迪·康托尔表示："这辈子我亏欠我妻子的太多了。少年时期，她和我是最好的朋友，是她给了我力量，让我勇往直前。结婚以后她勤俭节约，把省下来的每一分钱都用来投资，为我积累了一笔财富。她为我生了5个可爱的孩子，我们的家让她打理得温馨幸福。如果说我小有成就的话，那么，全部的功劳都要归功于她。"

在现实生活中，婚姻就是一场危险的旅行，就连伦敦有名的保险公司劳合社都不愿意为婚姻作保。华纳·巴克斯特夫妇的婚姻是世上最美满的姻缘之一。巴克斯特夫人结婚之后，放弃了自己如日中天的演艺事业。可是，婚后的幸福生活并没有因为她的牺牲受到丝毫的影响。华纳·巴克斯特曾经表示："虽然她得不到舞台上的掌声和赞美，但是我会一直陪在她的身边，我会让她每时每刻都能感受到我对她的赞美和喜爱。如果一个妻子想把自己的幸福全部都体现在丈夫的身上，那么丈夫就一定不要忘记对她的赞美。如果她的丈夫真心爱他的妻子，并给予她真心的称赞，那么他自身也会沉浸在幸福之中。"

所以，如果你希望自己的婚姻幸福美满，请一定要记住，给予对方真心的赞美。

女人眼中重要的事

一直以来，鲜花都象征着爱情。应季的鲜花很容易买到，而且也花费不了多少，街上总是会有打折销售的鲜花。但是，男人买花回家的时候却屈指可数，似乎所有的花都昂贵无比，就如同阿尔卑斯山顶峭壁上的雪绒花一样罕见。

为什么一定要等到你的妻子病倒在医院的时候才愿意给她送束花呢？为什么不选择明天送她一束玫瑰呢？试一试这个方法吧，再看看效果怎么样。

乔治·柯汉每天都忙得不可开交，可是他坚持每天都打两个电话给母亲，一直到母亲去世为止。难道他每次都有重要的事情要打电话告诉母亲吗？不是的。但是这个小举动会让对方觉得你每时每刻都在想着她，你希望她能够开心快乐，她的开心与否对你而言非常重要。

女人极其看重生日或者纪念日之类的节日。这是为什么呢？这个问题永远是女性的一个谜。大多数男人都在这一点上稀里糊涂，但是有几个日子不管怎样请一定不要忘记：哥伦布发现美洲大陆的日子、美国的独立日、妻子的生日，还有你们的结婚纪念日。如果你真的记不住，把前两个日子忘记都没有关系，后面两个是必须要记住的！

芝加哥的约瑟夫·赛巴斯法官经手过四万起有关婚姻纠纷的案子，调解过两千对夫妻矛盾。他说："大多数的不幸婚姻都是由于一些鸡毛蒜皮的琐事造成的。实际上，丈夫上班的时候，妻子对丈夫温柔的道别这样简单的事情就可以阻止一场离婚的悲剧。"

罗伯特·勃朗宁和他的妻子伊丽莎白·巴雷特·勃朗宁可以说是有史以来最幸福的一对。他们从来都不允许自己会忙到连关心一下对方、给对方一点小惊喜的时间都没有，正是这些小事、小礼物以及小小的关心让他们永远生活在美满的爱情之中。勃朗宁无微不至地关心自己的残疾妻子，勃朗宁夫人在给自己姊妹的信中说道："现在连我自己都开始怀疑我真的是天使了。"

大多数男人都低估了这些细微之举所产生的巨大影响，就像盖纳·马德克斯在《画报》中提到的那样："美国的家庭真的应该让一些'新习惯'进入了。比如在床上用餐是很多女人特别喜欢的方式。这种方式也许会让大部分的女人沉溺其中，在床上吃早餐给女人所带来的快乐不亚于私人俱乐部给男人带来的满足感。"

婚姻本身就是由一些柴米油盐、鸡毛蒜皮的琐事构成的。不重视这一点的夫妇，他们的婚姻将会是一场灾难。文森特·米莱对此曾经做了总结："我并不会因为失去爱而痛苦，但细微之处就在于它存在着无数伤痕。"

我们需要把这句话记在心里。在美国的里诺，每天都会有人申请离婚，大多数的婚姻都会以离异收场。然而这其中又有多少是由于严重的过失呢？我敢保证这种情况非常少。如果你有机会到法院里面听听那些离婚夫妇的证言，你就会知道爱情是在"点滴之间"消失的。

希望现在你拿起剪刀把下面这句名言剪下来，然后把它贴在镜子上，这样当你每天早上刮胡子的时候就可以读一遍：

> "我们走过的日子永远都不会重来。所以，如果我可以为他人谋得任何的福利，我都要尽力去实行，不要推脱也不要漠视，因为如果让这一刻过去了就永远不会重来。"

所以，如果你希望自己的家庭生活幸福美满，一定不要将一些小细节忽略掉。

尊重对方的感受

沃尔特·达姆罗施的妻子是詹姆斯·布莱恩的女儿。詹姆斯·布莱恩曾经参加美国总统的竞选，是美国最伟大的演说家之一。达姆罗施夫妇的婚后生活非常美满幸福。

达姆罗施夫妇美满的婚姻生活有什么秘诀吗？

达姆罗施夫人曾经说过："不但在择偶的时候要谨慎，婚后夫妻双方相敬如宾也同样重要。婚后要去体会对方的感受，年轻的妻子对待丈夫为什么不能像对待一位客人那样温婉有礼呢？男人们都不希望自己的妻子像个骂街的泼妇一样。"

粗鲁是葬送爱情的毒药。对此每个人都心知肚明，但是我们往往对待陌生人比对待家人要礼貌得多。陌生人说话时，我们绝对不会打断，说："不会吧，这些陈芝麻烂谷子的事你还要说多少遍！"我们从来都不会没有经过允许就把朋友的信件拆开或是探听别人的隐私。只有对待我们的家人，我们最亲近的人，我们才会对他们犯的一点小错误大加嘲讽。

多萝西·迪克斯曾经说过这样的话："让人感到震惊的是，那些刻薄、侮辱、伤感情的话往往都来自我们的家人，事实确实如此。"

亨利·克雷·瑞斯诺说过："礼貌是一种特殊的气质，它能使人把破旧的院门忽略掉，从而用心去欣赏园内盛开的花。"礼貌在婚姻生活中会起到非常关键的作用，就如同汽车不能离开汽油一样。

奥利弗·温德尔·霍姆斯是美国著名法学家、最高法院大法官，被人们称为"早餐桌上的独裁者"，但是他对家人却体贴入微，一点都不独裁。即使他在工作上遇到挫折，也不会把不良的情绪带到家里来。对他而言，一个人独自承受这些痛苦已经很不幸了，假如再把这些不良的情绪带给家人的话，那岂不是大错特错了？

奥利弗·温德尔·霍姆斯就是这样做的。那么，普通的人又是怎样做的呢？每次在公司遇到什么不顺心的事，丢了订单或者是被老板批评，回到家后，他们都会把怒火发泄到家人的身上。

在荷兰，人们有一个习惯，就是进入家门之前要将鞋子放在外面。也许我们通过荷兰人的举动可以感受到，进入家门之前，我们要把白天工作中遇到所有的烦心事都留在门外。

威廉·詹姆斯曾经写过一篇非常值得读的文章，这篇文章叫《人类在某些时候的无知》。他写道："这篇文章中所叙述的人类在某种时候的无知，是在我们面对其他和我们自身有差异的生物时所体现的痛苦和困惑。"

很多人对待自己的客户不会给予嘲讽，也不会这样对待自己的工作伙伴，但是他们毫无顾虑地对妻子发脾气。实际上，对于他们的自身幸福而言，工作的重要性远远比不上婚姻。

一个婚姻美满幸福的普通人会比孤独的天才快乐很多。俄国小说家屠格涅夫声名远扬，但是他却说："如果世间能有一位女士每天晚上都会关心我能不能早点回家吃饭，我愿意为她放弃我所有的作品和才华，甚至可以舍弃我所有的著作。"

婚姻幸福的概率究竟有多大呢？就像之前我们所说的那样，在多萝西·迪克斯眼里，50%的婚姻都是不成功的。保罗·波普诺博士的观点则反之，他是这样认为的："一个人在婚姻上所取得成功的几率要高于他在任何事业上所取得成功的概率。有70%的人从事零售业都没有成功，但是有70%步入婚姻殿堂的男女都会登上成功的顶峰。"

对于这个问题，多萝西·迪克斯是这样进行总结的："如果把生死和婚姻相比，生死也只不过是生命中的小插曲而已。"

"女人们始终不能理解男人们为什么不能像重视事业一样重视家庭呢？

"尽管一个男人认为，娶到一个称心如意的妻子和一个幸福美满的家庭要远胜于百万资产，可是遗憾的是，百分之九十九的男人都不会把婚姻当作事业一样用心经营。他把一生中最重要的事情都归结为运气，成功与失败就得看上帝能不能帮他了。女人永远无法理解，她们的丈夫为什么总是不愿意在她们的身上多花些心思呢？对于女人来说，丈夫温柔的话语要远胜于粗暴的命令。

"每个男人都知道，他的几句称赞就可以让妻子心甘情愿地为他做任何事情，也知道如果能让妻子开心快乐，女人们也一定会为了支持他们的事业而节衣缩食。男人也知道如果他告诉妻子她去年穿过的某条裙子非常优雅漂亮，妻子就绝对不会去购买今年巴黎时装的新款。男人还知道，如果他能送给妻子一个深情的吻，妻子一定会幸福得不知所措；如果早上他给予妻子一个热情的拥抱，她一定会开心一整天的。

"而妻子早就把如何才能让自己更加开心告诉过自己的丈夫，却不知道男人为什么还是无动于衷，但是她们又不知道应该以怎样的态度去对待自己的丈夫。男人宁愿和妻子大吵大闹，自己每天吃难以下咽的饭菜，宁愿让妻子浪费自己的钱去买新衣服以及首饰，也不愿意按照妻子喜欢的方式对待她，对此女人实在不知道该如何是好。"

所以，如果你希望自己的家庭生活开心快乐，就一定要尊重对方的感受。

让性生活更和谐

　　凯瑟琳·比门特·戴维斯博士在社会卫生保障局担任秘书长一职，她曾经邀请1000名已婚女子进行一项关于婚姻的调查，希望她们可以如实地回答一些比较私密的问题。调查的结果令人震惊——美国成人性生活的满足程度竟然低得出人意料，这简直让人无法相信。在对这些结果进行了详细考察以后，戴维斯博士毫无保留地发表了她的观点。她认为，性生活失调是离婚的主要原因之一。

　　汉密尔顿博士通过调查及研究也证实了这一观点。汉密尔顿博士用了4年时间对100对夫妇的婚姻状况进行了研究与分析。他大约问了这些夫妇400个问题，并且细致入微地探讨了他们婚姻中遇到的问题。这一研究在社会学上具有非常重要的意义，也因此受到了很多慈善家的资助。你可以在汉密尔顿博士和肯尼斯·麦高文共同完成的一项名为"婚姻到底出了什么问题"的实验中得到答案。

　　那么，人类的婚姻到底出了什么问题呢？汉密尔顿博士是这样说的："婚姻的很多问题都是源自于性生活失调，任何一个正直细心的精神病学家都会这样认为。不管怎样，如果性生活可以得到满足的话，大多的情况下，由于其他原因导致的婚姻问题都会很容易化解。"

　　洛杉矶家庭关系研究所的所长保罗·波普诺博士是美国最权威的婚姻生活专家，他调查过无数夫妻的婚姻状况。波普诺博士认为，失败的婚姻往往都是因为以下这4个原因所造成的。他按照顺序把原因排列了一下：

1.不协调的性生活。

2.对于休闲的时光应该如何安排的想法不同。

3.经济问题。

4.精神、身体或者是情感状况异常。

　　我想大家已经注意到了，在这几个原因中，性生活不协调排在第一位，而经济问题仅仅排列第三，这一点和人们通常的认知还是有一定差异的。

　　所有研究婚姻问题的专家都认为性在婚姻生活中是极其重要的。辛辛那提家庭关系法庭的霍夫曼法官处理过上千起婚姻悲剧，他曾经说过："所有的离婚案件中，90%都是由于性生活出现了问题。"

　　著名的心理学家约翰·沃森是这样说的："性生活无疑是婚姻生活中最重要的组成部分，也是致使男女双方婚姻生活破裂的重要因素。"人们有如此多的参考书籍，接受过很多的教育，但却因为忽视了人类最原始的本性而破坏了幸福美满的婚姻生活，真是让人觉得可惜。

　　奥利夫·巴特菲尔德牧师在18年传道生涯后，突然放弃了这项工作，转而去纽约做了家庭指导服务机构的主管。和大部分年轻人一样，他也是在很年轻的时候就结婚了。他说："之前我还是牧师的时候，我发现即使很多情侣都抱着坚定的爱情理念步入婚姻的殿堂，可是实际上，他们大部分都是婚盲。"

　　他接着说道："人们往往不会花心思去面对或者解决婚后适应这个重大问题，那么高达16%的离婚率就不足为奇了。无数的夫妇对待婚后的生活态度让他们根本称不上'结婚'，他们只是没有'离婚'而已，他们的结合根本就是一个大大的错误。"

　　他还认为："幸福的婚姻是需要夫妻双方用智慧和真心经营的，并不是机会的产物。"

　　为了人们更好地经营和规划自己的婚姻，这些年以来，他都坚持让自己主婚的夫妇开诚布公地讲述他们对未来婚姻的规划。正是由于这样的研究和讨论，他得出一个这样的结论：有很多表面看上去如胶似漆的夫妇，实际上就是"婚盲"。

巴特菲尔德博士说："如果婚姻生活的满足程度受到外界因素的影响，那么性生活是其中一个因素，也是其他因素的前提。"

那么怎样才能让性生活更加和谐呢？巴特菲尔德博士认为："夫妻吵架的时候，伤感的沉默起不到任何作用，冷静的态度、客观的讨论以及婚姻生活中的实践才可以解决问题。想要获得这种能力，一本内容精确、格调高尚的书可能让你更加快速有效地掌握这一能力。除了我自己的著作《婚姻与性的和谐》之外，我再给大家推荐几本书。

"市面上所有这方面的书籍中，有几本我认为特别适合大众读者阅读，一本是伊莎贝尔·赫顿的《婚姻性爱技巧》，还有马克思·埃克斯纳的《婚姻性生活》，以及海伦娜·赖特的《婚姻中的性因素》。"

通过书本来学习性爱的技巧？为什么不行呢？几年前，哥伦比亚大学和美国社会卫生协会联合邀请了知名的教育家波普诺教授与大学生们一起讨论性生活对婚姻的影响。在会谈中，波普诺教授说道："近几年，离婚率有所下降，其主要的原因就是人们现在会主动地阅读一些关于性和婚姻的书籍。"

所以，我真心地认为，如果我可以教会大家用科学的方法解决悲剧问题的话，我会感到万分的荣幸，下面是我为大家推荐的几本关于家庭性爱的书。

- 《生活的性方面》
- 《婚姻性生活》
- 《准备结婚》
- 《婚姻中的爱情》
- 《婚姻中的性爱》
- 《为婚姻做准备》
- 《已婚女性》